Historia de la ciencia almeriense con nombre de mujer

Azucena Martín Sevilla
Mabel Angulo Rogríguez
José Antonio Garrido Cárdenas

Historia de la ciencia almeriense con nombre de mujer

© Textos: Azucena Martín Sevilla, Mabel Angulo Rogríguez, José Antonio Garrido Cárdenas

© Edita: Editorial Universidad de Almería

1ª impresión 2024
2ª impresión 2025

Colabora: Instituto Estudios Almerienses

ISBN: 978-84-1351-269-3

Depósito. Legal: AL 334-2024

Diseño de cubierta e ilustraciones: Noelia Sardinero

Diseño y maquetación: Emma Ortega y Ludmilla Ortega

Imprime: Escobar Impresores, S.L.

Impreso en España

A mis padres, el ancla y
los cimientos de todo lo que soy.
(Azucena Martín)

A mi madre, mis hijas e hijo, mi
razón de ser.
(Mabel Angulo)

A María, Mari, Isa, Mapi y María,
mis mujeres ejemplares.
(José Antonio Garrido)

Índice

Prólogo

Con ciencia de mujeres. Pioneras almerienses en el ámbito científico

Cándida Martínez López
Universidad de Granada

Emociona acercarse a las biografías de las primeras mujeres almerienses que optaron por estudiar en la Universidad, convertirse en "científicas" y ejercer su profesión en una época en la que era una "rareza" hacerlo y suponía una transgresión al orden patriarcal existente. Se siente admiración hacia ellas cuando se descubre la firmeza de sus convicciones, su afán por saber y sus brillantes trayectorias, a pesar de incorporarse a una Universidad pensada para los varones y gobernada por ellos. Comenzar a ocupar ese espacio, y lograr cierto respeto y reconocimiento, fue obra de unas pocas que rompieron con las normas de género tradicionalmente asignadas y comenzaron a abrir caminos que las demás hemos seguido transitando. No fue fácil entonces, ni lo ha sido después, pero el coraje, valentía e inteligencia de tantas mujeres, individualmente, o en movimientos colectivos, lo ha hecho posible.

La sociedad española y almeriense de comienzos del siglo XX, cuando las mujeres comenzaban a pisar las aulas universitarias, era eminentemente rural, con pocas capas medias y escasamente alfabetizada. Como bien ha señalado Pilar Ballarín, hacia 1900 el nivel de alfabetización de las mujeres del distrito universitario de Granada, al que pertenecía la provincia de Almería, no superaba el 20%, y, sin derechos civiles ni políticos, el destino más plausible para ellas era el matrimonio y el hogar. Pero algunas mujeres almerienses se sumaron a otras muchas españolas que, por esas fechas, optaron por acceder al conocimiento, ejercer una profesión y desarrollar otra trayectoria vital y profesional. En Almería, como sucedía en el resto de España en el primer tercio del siglo XX, también se asistió a un creciente protagonismo de las mujeres en la vida laboral, social y urbana, con el consiguiente incremento de su presencia en los niveles educativos, en la prensa y en la vida cultural.

Las almerienses comenzaron a incorporarse a la Universidad poco después de publicarse la orden de 8 de marzo de 1910 que permitía a las mujeres matricularse oficialmente en la Universidad sin pedir permiso. La primera universitaria almeriense fue María Jesús Andújar, que se matriculó como alumna oficial en el preparatorio de Ciencias de la Universidad de Granada en el curso 1911-1912. A partir de ella, y en un lento proceso, se fueron incorporando otras para estudiar Farmacia, Ciencias y Letras. Como homenaje a su memoria, recordaré algunas de las que alcanzaron el título de Grado en las Universidades de Granada y la Central de Madrid en el primer tercio del siglo XX, procedentes, en su mayor parte, de los pueblos de la provincia. Entre ellas, Juana Álvarez Bañón, de Vélez Blanco; Ana Orst Pozo, de Tíjola; Ana García Ruiz de Benitorafe, Tahal; Dolores López Rodríguez, de Alhama de Almería; María del Mar Salmerón Pérez, de Berja; María Socorro Carretero López, de Instinción; Isabel Olmos Fernández, de Vera; Ana Jimena Alarcón, de Cuevas de Vera; Rosa Sánchez Bonil, de Albox, y María Pardo López, Isabel Mille Giménez, Jimena Quirós Fernández, Elena Gómez Spencer, Isabel Téllez y Elena Lázaro, de la ciudad de Almería.

Entre estas pioneras están las que se estudian en este libro, centrado de forma específica en las biografías de aquellas que eligieron "carreras científicas" en los ámbitos de la salud, la física y la farmacia: Elena Gómez Spencer, Isabel Téllez, Elena Lázaro, Carmen Navarro, Jimena Quirós y Juana Álvarez Bañón. Entre Almería, Granada y Madrid, entre apuestas académicas y profesionales, entre compromiso social y político, transcurrieron unas vidas que son estudiadas con rigor y mimo en este libro, dándoles un protagonismo tantas veces olvidado en la historiografía.

Se sumergen sus autores, Azucena Martín, Mabel Angulo y José Antonio Garrido, en el campo de la biografía, la forma primigenia de historia de las mujeres, que decía Natalie Zemon Davis hace ya algunas décadas, y en la agenda investigadora dedicada a recuperar y reconstruir las vidas de mujeres, especialmente del campo de la ciencia. Y se suman a los esfuerzos realizados en las últimas décadas por investigadoras como Consuelo Flecha, Pilar Ballarín, Carmen Magallón o Teresa Ortiz que, entre otras, y desde los presupuestos de la historia de las mujeres, han rescatado los nombres y trayectorias de las primeras universitarias y científicas españolas. Con estas investigaciones, "la historia de las ciencias en masculino se ha visto desafiada por trabajos en los que la presencia de mujeres con nombres y apellidos ha sido investigada y narrada para recuperar sus aportaciones al saber y a la experimentación científica. El campo, el laboratorio, la consulta médica y el observatorio, por citar cuatro espacios icónicos de la ciencia, han resultado ser lugares de producción del saber ocupados también por mujeres"[1].

---

[1]   Santesmases, M.ª Jesús, Cabré, Montserrat y Ortiz, Teresa, "Feminismos biográficos: aportaciones desde la historia de la ciencia", *Arenal, Revista de Historia de las Mujeres*, vol. 24.2 (2017), p. 384.

Esta forma de mostrar el protagonismo de las mujeres nos acerca a sus itinerarios vitales, sus ambiciones y sueños, sus éxitos académicos o profesionales y su compromiso, pero también a las dificultades y trabas que tuvieron que superar en una sociedad que no aceptaba fácilmente que las mujeres ocupasen espacios profesionales antes reservados a lo varones, ni que hicieran gala de sus conocimientos y autonomía personal. Pero también es otro modo de acercarnos a la historia de la sociedad almeriense, desde otras protagonistas, desde otras experiencias, y con ello ofrecer una visión más integral de la historia de nuestra provincia.

Hoy sabemos que la dialéctica entre pasado y presente es inherente a todo ámbito histórico. Por tanto, preguntarnos por el papel de las mujeres responde, sin duda, a uno de los requerimientos del presente. Las mujeres hemos necesitado y necesitamos conocer nuestra historia para intentar construir un presente y futuro más igualitarios, pero también las sociedades que tienen como horizonte modelos auténticamente democráticos necesitan integrar la historia de las mujeres, como discurso enseñado y compartido, para su cohesión y consolidación.

Bienvenido, pues, un libro, que descubre las ricas trayectorias vitales de estas seis mujeres almerienses que rompieron con las normas tradicionales de género de su época y optaron por el conocimiento, el trabajo profesional y un compromiso social a través de los mismos.

Muchas gracias a Mabel Angulo, José Antonio Garrido y Azucena Martín, sus autores, por haberme invitado a escribir este prólogo que me acerca a las mujeres de mi tierra almeriense. Es un privilegio hacerlo. En primer lugar, por mi compromiso con la historia de las mujeres a la que he dedicado la mayor parte de mi actividad investigadora. En segundo por el carácter de la obra, dedicada a esas pioneras que, con ciencia de mujer, empezaron a pensar de otro modo la ciencia y las propias mujeres. También por encontrar entre ellas a Juana Álvarez Bañón, mi paisana de Vélez Blanco de hace un siglo, la primera universitaria de la comarca de los Vélez y la segunda de Almería. Hace algunos años, junto con Alba Martínez, me animé a estudiarla para saber qué circunstancias familiares, sociales y personales hicieron posible que una joven de apenas 16 años decidiese salir de su pueblo e ir a la Universidad y, tras graduarse, ejercer su profesión. Descubrir que el cambio que se producía en esos momentos en relación con las mujeres no se daba sólo en la capital, sino que alcanzó a los pequeños y medianos pueblos de la provincia, de donde proceden más del setenta por ciento de las mujeres que accedieron a la Universidad en las primeras décadas del siglo XX, fue un interesante hallazgo que merece la pena profundizarse.

Enhorabuena por una obra que nos permite conocer mejor a aquellas pioneras y nos demuestra que no somos unas recién llegadas. Antes que nosotras hubo otras que abrieron sendas por las que ahora avanzamos. Y al reconocerlas, cambiamos el conocimiento. Lo decía muy bien la historiadora norteamericana Lerda Gerner, en un fragmento de su obra *La creación del Patriarcado*, que siempre me pareció iluminador del potencial transformador de la Historia de las Mujeres en lo que concierne a la conciencia del ser y el estar de hombres y mujeres en las modernas sociedades democráticas:

Ahora sabemos que el hombre no es la medida de todo lo que es humano; lo son hombres y mujeres. Los hombres no son el centro del mundo, lo son hombres y mujeres. Esta idea transformará la conciencia de una forma tan decisiva como el descubrimiento de Copérnico de que la Tierra no es el centro del universo.

Introducción

Si ignoras el nombre de las cosas, desaparece también lo que sabes de ellas. La frase es del científico sueco Carlos Linneo, considerado el creador de la taxonomía o clasificación de los seres vivos, y la pronunció por primera vez en el Siglo XVIII. Desde entonces, la ciencia ha encontrado el nombre preciso de miles de organismos, leyes o disciplinas científicas que han ido naciendo. Pero no es menos cierto que muchos nombres han quedado olvidados en este camino que la ciencia viene trazando desde hace siglos.

En este libro abordamos la vida de nueve mujeres almerienses que destacaron como pioneras de alguna de las ramas de la ciencia. Todas pertenecen aproximadamente a la misma época. Y no es algo casual. Con el inicio del siglo XX comenzó la que más tarde pasaría a conocerse como la Edad de Plata de la ciencia española. Tal apelativo se debe a un florecimiento de la ciencia en todo el país, propiciado por la aparición de instituciones que apostaron por ella. Con la mirada actual, dada la situación de precariedad en la que se encuentran muchos de nuestros científicos hoy en día, es algo que puede resultar extraño. Pero es así. Entonces se apostó por la ciencia y, por supuesto, por los científicos. Esto permitió que unas cuantas jóvenes de aquella provincia minera que era entonces Almería decidieran romper con el letargo pautado en el que vivían las señoritas de su época, desplazándose a ciudades como Madrid o Granada, para inscribirse en la Universidad y comenzar a escribir su propia historia.

Nada de esto habría sido posible sin la ya desaparecida Junta de Ampliación de Estudios (JAE). Esta institución se fundó en 1907, en el marco de la Institución Libre de Enseñanza, que había sido creada unas décadas atrás, en 1876. Su objetivo era promover la investigación y la educación científica en España. Y para ello contó desde sus primeros momentos con un director de excepción: Santiago Ramón y Cajal. Hacía apenas un año que había recibido el Premio Nobel de Medicina junto a su colega Camilo Golgi por su trabajo sobre la estructura del sistema nervioso. Esto le convertía en una eminencia del ámbito científico español: nuestro primer Premio Nobel científico. El segundo en cualquier categoría, después de José Echegaray.

Por eso, y también por la calidad del resto de sus profesores, la JAE se hizo pronto con un gran prestigio, que continuó hasta su desmantelamiento, en 1939 (fue el germen del actual CSIC, Consejo Superior de Investigaciones Científicas). De hecho, entre sus primeros vocales se encontraban nombres tan emblemáticos de la cultura española como el ya mencionado José Echegaray o el pintor Joaquín Sorolla. No hubo ninguna mujer en aquella primera hornada. No obstante, la JAE no tardó en convertirse en una institución acorde con la modernización de los tiempos, valorando simplemente la valía de sus profesores y sus estudiantes. Sin distinciones de género.

Intercambios y becas

En la JAE se potenció la investigación científica a través de diferentes estrategias. Una de ellas fue la dotación de nuevas instalaciones a centros de investigación ya existentes, como el Museo de Ciencias Naturales, el Museo Antropológico o el Real Jardín Botánico. Además, con el tiempo se inauguraron nuevos centros, como el Instituto Nacional de Física y Química, también conocido como Instituto Rockefeller. Este centro es de especial interés en el contexto de este libro, pues albergó grupos de investigación formados casi enteramente por mujeres.

Pero si hay algo que importa más que la inversión y las instalaciones para hacer buena ciencia, sin duda son los científicos. Por eso, desde la JAE se pusieron en marcha medidas como la concesión de becas para realizar estancias en el extranjero, así como el intercambio de profesores y estudiantes con centros punteros de otros países. Así, la ciencia española se puso a la altura de la que se estaba haciendo en América y el resto de Europa.

Eran estancias con retorno. Se potenciaba el desarrollo científico de los investigadores, al permitirles estudiar la ciencia que se realizaba en otras partes del mundo. Después, con esos nuevos conocimientos, volvían a España.

Entre los científicos que se beneficiaron de aquellas inmersiones en la ciencia extranjera se encuentra por ejemplo el físico lanzaroteño Blas Cabrera, quien visitó el Laboratorio de Física del Politécnico de Zurich, las Universidades de Ginebra y Heidelberg y el Instituto de Pesas y

Medidas de París. Otro de los grandes investigadores becados por la JAE fue el neurocientífico vallisoletano Pío del Río Hortega, quien recorrió algunas de las mejores universidades de Londres, Berlín y París.

Y, por supuesto, también hubo mujeres. Es el caso de la química navarra Dorotea Barnés, quien viajó hasta los Estados Unidos para realizar una estancia en el Smith College de Massachusetts y doctorarse en la Universidad de Yale.

Algunas de nuestras protagonistas almerienses también disfrutaron de estas oportunidades que les permitieron escalar en sus carreras científicas. Pero no nos anticipemos, pues iremos viéndolo poco a poco en los capítulos dedicados a cada una de ellas.

La Residencia de Señoritas

Al hablar de nuestras pioneras almerienses no podemos dejar de lado el que fue el punto de encuentro de algunas de ellas, y también de grandes eminencias de la ciencia y la cultura españolas durante las primeras décadas del siglo XX: la Residencia de Señoritas.

Este centro, dirigido inicialmente por la pedagoga María de Maeztu, nació en 1915, siguiendo la estela de su homóloga masculina, la Residencia de Estudiantes. Si en esta última se forjaron grandes nombres de la cultura española como el poeta Federico García Lorca, el cineasta Luis Buñuel o el pintor Salvador Dalí, en la Residencia de Señoritas el bagaje no fue menor.

Con profesoras como María Zambrano y alumnas como Victoria Kent, se generó el caldo de cultivo óptimo para el desarrollo intelectual de centenares de mujeres de todas las áreas de conocimiento imaginables.

En un principio fueron solo 30 alumnas, a las que se alojó en un pequeño hotelito arrendado por el International Institute for Girls in Spain. Sin embargo, con el tiempo, fue tal el reconocimiento que recibió, que no pararon de llegar nuevas alumnas, haciendo insuficientes aquellas instalaciones. Por eso, la JAE, principal promovedora de su desarrollo, comenzó a alquilar nuevos locales en diferentes puntos de Madrid.

Empezaba así una carrera para fomentar la educación universitaria de las mujeres. Unas mujeres que tendieron a dividirse en dos grupos. Por un lado, estaban las que comenzaron a denominarse como "las maridas". Estas eran las esposas de hombres importantes de la alta sociedad española, que ayudaban a mantener la residencia con sus cuotas. Si bien no puede negárseles cierto interés en formarse y estudiar, eran bastante conservadoras y se oponían a las ansias de libertad e igualdad de algunas de sus compañeras.

Esas compañeras eran las que componían el segundo grupo, conocidas como las "Sinsombrero". Se cuenta que se les dio este nombre a raíz de un suceso ocurrido cuando dos de ellas, Margarita Manso y Maruja Mallo, paseaban por la Puerta del Sol con Federico García Lorca y Salvador Dalí, y decidieron quitarse el sombrero. Este acto, mal visto en la época, suponía una metáfora mediante la que mostraban su disposición a dejar que las ideas volaran libres. Porque eso es lo que ellas buscaban: la libertad intelectual. Y sobre todo poder desarrollarse al mismo nivel que sus compañeros de la Residencia de Estudiantes.

Un gran punto de encuentro

La Residencia de Señoritas no solo se convirtió en un lugar de alojamiento y estudios para las mujeres que allí se inscribieron. También era un lugar de reunión, en cuyo seno, de hecho, nacieron numerosos clubes y asociaciones. Destacaron especialmente el Lyceum Club Femenino, del que formaron parte algunas de nuestras protagonistas almerienses, y la Asociación Universitaria Femenina.

El primero, nacido en 1926 y desmantelado en 1939, como la mayoría de las instituciones y centros anteriormente mencionados, fue un lugar rompedor, formado por mujeres muy concienciadas en la lucha por la igualdad de género. De hecho, fue descrito por la hispanista estadounidnese Shirley Mangini como "un refugio feminista en una capital hostil".

Se creó usando como modelo otro centro de similares características, inaugurado en Londres en 1903, y dejó paso a la aparición de multitud de nuevos clubes en otras ciudades del mundo, como París, Nueva York o Berlín. De él formaron parte –e incluso ocuparon cargos importantes– mujeres como la directora de la Residencia de Señoritas, María de Maeztu, Victoria Kent o Zenobia Camprubí. Sus socias fueron muchas, pero entre ellas destacan por ejemplo los nombres de Clara Campoamor y Maruja Mallo.

En cuanto a la Asociación Universitaria Femenina, esta nació en 1920, como parte de la Federación Internacional de Mujeres Universitarias, que tenía sede en Londres. Pertenecer a esta asociación no era excluyente de hacerlo al Lyceum, por lo que de nuevo nos encontramos en ella con nombres como María de Maeztu o Clara Campoamor. No obstante, sí que hubo en este caso una diferencia fundamental, pues no fue desmantelada con el inicio de la dictadura franquista. Inicialmente quedó en suspenso hasta los años 50, pero entonces se retomó, con un cariz ya muy alejado del feminismo y la libertad intelectual. No obstante, con los años fue decayendo y terminó desapareciendo en 1989.

Una visitante de excepción

Dos de los capítulos más entrañables de la historia de la Residencia de Señoritas fueron las visitas de Marie Curie.

La física polaca visitó nuestro país en tres ocasiones: en 1919, en 1931 y en 1933. En la segunda de estas visitas, en 1931, fue invitada por el reciente Gobierno de la Segunda República, y fue entonces cuando visitó por primera vez la Residencia de Estudiantes, acompañada de Ève, una de sus hijas. Allí impartió interesantes conferencias sobre radiactividad, a la que acudieron algunos de los mejores científicos de la época. También impartió conferencias en la Facultad de Ciencias y, acompañada de Blas Cabrera, visitó algunos de los nuevos laboratorios que se habían instaurado en Madrid.

Pero también dedicó tiempo al asueto, con un viaje por España, en el que visitó en primer lugar Toledo y más tarde Granada. Posteriormente, madre e hija hicieron noche en Almería, donde se dice que fueron recibidas con maravillosos ramos de flores confeccionados por los floristas del Mercado Central. Y de allí partieron hacia Murcia, Valencia y Barcelona.

Dos años después, en 1933, acudió de nuevo a la Residencia de Estudiantes, esta vez para presidir un congreso internacional sobre el porvenir de la cultura.

En algunos de sus días de estancia, se alojó en la Residencia de Señoritas, donde quizás pudo coincidir con nuestras pioneras almerienses.

Lugares para recordar

Querido lector, no olvides los lugares de los que hemos hablado a lo largo de esta introducción, porque aparecerán en numerosas ocasiones a medida que desgranemos las vidas de nuestras pioneras.

Lamentablemente, como tantas mujeres científicas de aquella época, sus nombres han sido casi borrados de la historia. Dar con ellas no ha sido fácil, por lo que no tenemos todos los datos con los que nos gustaría haber contado. Por eso, apelamos a tu imaginación.

Al igual que lo hemos hecho nosotros, puedes imaginar a nuestras protagonistas recibiendo entusiasmadas el anuncio de una nueva beca para estudiar en el extranjero. O paseando por los jardines de la Residencia de Señoritas, debatiendo sobre lo humano y lo divino con Clara Campoamor, escuchando embelesadas los poemas de Federico o admirando la mezcla de genio y locura derramada sobre los cuadros de Salvador. Puedes imaginarlas acercándose entre la muchedumbre hasta Marie Curie y su hija para recomendarles los lugares más maravillosos de su querida Almería. Puedes imaginarlas soñando con un futuro en el que la ciencia ya no entendería de géneros. Al menos, en ese momento, todo apuntaba a ello. Lamentablemente no sabían lo que estaba por llegar.

Deja volar tu imaginación y acompaña con ella lo que ya comenzamos a contarte. Quizás, cuando leas la realidad, todo aquello que has imaginado se quede demasiado corto.

Elena
Gómez
Spencer

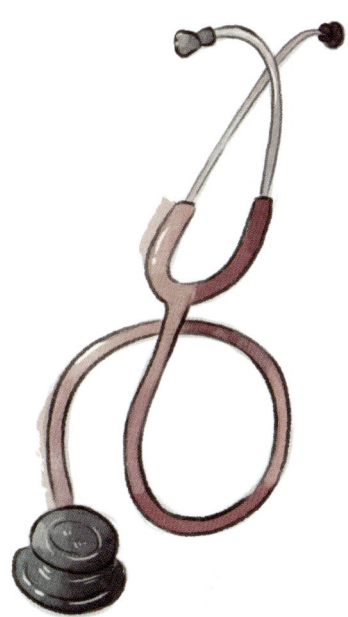

Elena
Gómez Spencer

El 4 de abril de 1882 obtuvo su título de licenciada Dolors Aleu, la primera mujer que ejerció la medicina en España. En ese momento, las mujeres no podían asistir a la Universidad –por entonces, tampoco podían votar–, y las que lo hacían se aprovechaban de un vacío legal por el que se colaban sus inquietudes. De hecho, no fue hasta el año 1910, gracias a una real orden del rey Alfonso XIII, que las mujeres pudieron asistir a la Universidad con absoluta libertad y en una teórica igualdad de condiciones. Así que para cuando la doctora Aleu obtuvo su titulación universitaria, en ese tiempo en el que ver a una mujer en la Universidad era una rareza de magnífica magnitud, faltaban todavía doce años para que viniera al mundo la que más tarde se convertiría en la primera médica almeriense: Elena Gómez Spencer.

Elena nació el 30 de mayo de 1894, en el número 10 de la Calle Gerona de Almería capital, en el seno de una familia vinculada a la minería por todos sus costados. Su padre, Bernabé Gómez Iribarne, fue ingeniero y responsable de la jefatura provincial de minas, así

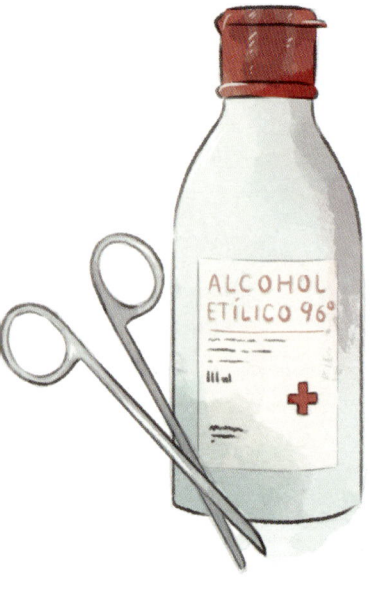

como colaborador esporádico de la prensa local. Su madre, María Spencer Rabell, era nieta de Joseph Dufell Spencer Fenton, un aristócrata irlandés que en 1818 decidió mudarse de la lluviosa Leicester a la cálida costa almeriense para emprender en la industria minera.

El primero de los Spencer en Almería era médico de formación, aunque muy pronto abandonó su profesión, y su entorno familiar, atraído por la incipiente riqueza de la minería de la Sierra de Gádor. Al poco tiempo de aterrizar en la provincia almeriense se casó con Francisca Sánchez Ponce de León, perteneciente a una de las familias más acomodadas de la zona. Joseph Spencer y Francisca tendrían varios hijos, y todos ellos contrajeron lazos matrimoniales con diferentes miembros de familias de gran arraigo social y poder económico, dando lugar a uno de los linajes almerienses más ilustres.

La relación entre la minería y el alto estatus social no llegaba de nuevas. Era habitual en esta época que las familias de la alta sociedad almeriense estuviesen relacionadas con esta profesión. De hecho, buena parte de las pocas mujeres que fueron a la Universidad eran precisamente hijas de empresarios dedicados a la extracción de minerales como el plomo o el hierro. También era así en el caso de los varones, que solían acceder a la Universidad, en la mayoría de ocasiones, con el objetivo de obtener una titulación que les facilitara continuar con la dirección del negocio familiar.

Sin embargo, este no fue el caso de ninguno de los hijos de los Gómez Spencer. Ninguno, salvo Elena, siguió esta vía. El mayor de los hijos de Bernabé, Gustavo, no era vástago de María, sino de su fallecida hermana Elena (ambas, nietas de Joseph Spencer), quien había estado casada antes con él. Gustavo optó por la carrera militar y también llegó a ser un reputado jinete, aunque fue precisamente su pasión por los caballos la que acabaría con su vida, falleciendo al caerle encima la yegua que montaba en una competición celebrada en la ciudad de Burgos. De aquel primer matrimonio nació otra niña, llamada Elena, que murió con solo cinco años. Después vino al mundo Alejandro, el primero de los hijos de María. También destacó en las competiciones de hípica, como su hermano, pero por lo que llegó a alcanzar una gran fama a nivel nacional fue por su destreza como piloto de aviación, ya que fue la primera persona que realizó un vuelo con el autogiro de Juan de la Cierva. Lo hizo el día 9 de enero de 1923, en el aeródromo de Getafe, poniendo en valor la aeronave del inventor murciano, que acabaría dando lugar al actual helicóptero. En cuanto a las hijas del matrimonio Gómez Spencer, tanto Elena como su hermana Virginia se dedicaron a lo mismo que la mayoría de señoritas de buena familia de aquella época: a casarse jóvenes, con hombres de buena posición. Virginia contrajo matrimonio con el arquitecto bilbaíno Antonino Zobarán y Elena con el abogado Luis Pardo de la Torre Ayllón, con quien se mudó a Granada. La boda tuvo lugar cuando Elena contaba solo con dieciocho años y apenas había llegado su primer aniversario cuando ya había dado a luz a su primera y única hija, a la que también puso su nombre.

Así transcurrieron los primeros años de su vida, sin salirse de la senda que estaba marcada para las mujeres como ella. Sin embargo, cuando comenzaron las desavenencias con su marido, decidió dar un giro de 180 grados a su vida y cumplir su sueño de estudiar una carrera universitaria. Para ello, retomó sus estudios donde los dejó antes de casarse. En 1925, con 31 años, obtuvo el título de Bachillerato, en Granada, y un año más tarde se mudó junto a su hija a Madrid, para iniciar una licenciatura en la Universidad Central. Inicialmente se matriculó en Filosofía y Letras, empujada por la afición a la lectura que cultivó cuando, siendo una niña, pasaba largas horas entre las páginas de la biblioteca familiar. Sin embargo, poco después descubrió que eso era más una afición que una vocación, por lo que cambió el rumbo hacia la Medicina. Era como si, en una cabriola del destino, quisiera terminar lo que había dejado a medias el primer Spencer que llegó a Almería, su bisabuelo.

Durante su estancia en Madrid, Elena vivió en la famosa Residencia de Señoritas, dirigida por la pedagoga María de Maeztu y dependiente de la Institución Libre de Enseñanza. Allí coincidió con otras dos científicas almerienses, la también médica Isabel Téllez y Jimena Quirós, una profesora de física que más tarde se convertiría en la primera mujer oceanógrafa española.

Paralelamente, se mantuvo activa en el Lyceum Club Femenino, una asociación cultural madrileña, impulsada también por María de Maeztu, a la que pertenecieron grandes figuras de los movimientos feministas de la época, como Victoria Kent, Zenobia Camprubí o Clara Campoamor. Para alguien como Elena, perteneciente a la élite intelectual; cultural y socialmente comprometida, separada y con una hija, el Lyceum Club Femenino se convirtió en un refugio. Un refugio donde cobijarse de las hostilidades de una España que no terminaba de despertar. Una

España que aún negaba el derecho a votar a la mujer o que castigaba solo con el destierro al hombre que asesinaba a su esposa por haber cometido adulterio. Una España, al fin y al cabo, necesitada de pioneras, como las del Lyceum Club Femenino, que allanaran el camino a las que estaban por llegar.

Elena obtuvo la licenciatura en Medicina y Cirugía en 1930 con notas sobresalientes, convirtiéndose en la primera mujer nacida en Almería que lo conseguía. Llegados a este punto, podría haber decidido volver a su ciudad, pero no lo hizo. Siguió en Madrid, especializándose en medicina interna, aunque recibió también varios cursos de puericultura. En esta etapa aprendió de grandes figuras de la medicina, como el doctor Juan Madinaveitia. Este médico guipuzcoano especializado en gastroenterología fue un gran pionero para la medicina de la época, por ser de los primeros en reivindicar la importancia de explorar a los pacientes y contar con una buena historia clínica para llegar a diagnósticos adecuados.

En algunas de las entrevistas que se le realizaron durante su vida, Elena reconoció sentir un gran afecto y admiración por él, como también lo hacía por su segundo maestro, el doctor Carlos Jiménez Díaz. Mientras Madinaveitia se encontraba prácticamente en el ocaso de su vida profesional cuando se cruzó con Elena, Jiménez Díaz, solo unos pocos años mayor que ella, era aún un médico joven, pero ya con una

gran trayectoria, especialmente en el área de la patología clínica. Recientemente había fundado en Madrid un Instituto en el que aunaba la clínica y los laboratorios, ya que él consideraba que ambos lugares debían ir siempre de la mano. Y fue ahí donde nuestra médica almeriense realizó unas prácticas que le serían de gran utilidad para su posterior carrera profesional.

En el verano de 1930, ya con la carrera y las primeras prácticas terminadas, viajó hasta Almería para acudir a una fiesta en honor a un colega. Pero fue precisamente ella la que atrajo todas las miradas de los asistentes. Por eso, durante esta estancia en la capital almeriense también tuvo sus propios homenajes.

Destaca el realizado en el Casino del Colegio de Médicos. El diario *La Vanguardia* publicó una noticia del evento en la que se menciona que hubo multitud de asistentes de la alta sociedad de la capital almeriense y que se pronunciaron varios discursos cariñosos en su honor. A pesar de todo este dispendio realizado por parte de la institución, Elena nunca llegó a colegiarse en Almería. La primera mujer que se inscribió en el Colegio de Médicos almeriense fue Milagros Rivera Tovar, aunque cabe destacar que no era nacida en Almería, sino en Bilbao. La primera que reúne ambas características, la de ser almeriense y la de colegiarse en Almería, fue Isabel Téllez Molina, de la que también hablaremos en un capítulo posterior.

Con esta vuelta a su tierra, Elena también realizó su primera incursión en el mundo de la política, concretamente en el Partido Socialista Obrero Español (PSOE). Fue en junio de 1931, cuando poco después de afiliarse se presentó como candidata para ser diputada. Junto a ella se presentaron otros siete candidatos de toda la provincia: Benigno Ferrer, Cayetano Torres, Moisés Sánchez Galí, Gabriel Pradal, José Asenjo, Rodolfo Soriano y Francisco García.

Elena era la única mujer en una época en la que, como decimos, ni siquiera se había aprobado aún el sufragio femenino. Faltaban seis meses para que esto ocurriera. Finalmente, el elegido fue el arquitecto Gabriel Pradal, mientras que la médica no obtuvo ni un solo voto.

Después de aquello, aunque siguió unida tanto a su Almería natal como al partido, Elena Gómez Spencer se desplazó a Granada en 1932, año en el que se formalizó su divorcio de aquel marido del que ya llevaba separada varios años. Allí, se unió al equipo del pediatra Rafael García-Duarte.

Es también en esta época cuando su hija se casa con el almeriense Gonzalo Ferry Fernández, médico especialista del pulmón y el corazón.

Los años de la República transcurrieron tranquilos para la familia. No obstante, cuando esta llegaba a su ocaso, el malestar político hizo que Elena se temiera lo peor y decidiera abandonar España, poniendo rumbo a Tánger. Su hija y su yerno, quien también ejercía un intenso activismo político como miembro de la Derecha Liberal Republicana, decidieron quedarse. De hecho, en 1936 Gonzalo fue nombrado Inspector Médico del Cuerpo de Seguridad y Asalto, y más tarde alférez médico provisional. Todo esto le llevó a ser detenido y condenado a 20 años de prisión, de los que solo cumpliría tres, antes de que se le concediera la libertad condicional.

Mientras tanto, Elena Gómez Spencer ya se había instalado en Tánger, donde continuó ejerciendo la medicina. Aquí comienza la que, si cabe, sería la etapa más interesante de su vida. En aquella época, Tánger parecía el escenario de un cuento maravilloso.

Una ciudad de vanguardia a la que acudían artistas y millonarios extranjeros, que vivían con intensidad una vida que daba la espalda a la vulgaridad. Allí experimentaban con su libertad, disfrutaban de fiestas que se alargaban durante varios días y compartían inquietudes intelectuales. Un mundo cosmopolita y opulento en el que Elena supo desenvolverse con soltura. Y es que entre consulta y consulta también solía disfrutar de las reuniones celebradas en el Farhar, una finca propiedad de un matrimonio inglés, los Buckingham, donde se reunía lo más florido de la sociedad cultural tangerina. Allí, conoció a personas como Truman Capote, Tennesse Williams o Jean Genet. No solo se convirtió en una de las principales organizadoras de sus tertulias. También pasó a ser la médica personal de muchos de estos intelectuales. La mayoría de ellos rehuían el carácter y los métodos del grueso de galenos del lugar, notablemente influidos por las ideas franquistas, por lo que acogieron encantados las ideas innovadoras y el trato afable y humano de Elena.

Sin duda, era diferente a la mayoría de sus compañeros, por lo que llegó a tener fuertes encontronazos con algunos de ellos. Aunque se encontraba en desacuerdo con muchos, la mayor de estas desavenencias fue con el doctor Carlos Sirvent, ginecólogo y director del Hospital Español de Tánger. Ocurrió con motivo de un aborto que Elena insistió en practicar, a pesar de la oposición de sus superiores. Tal fue el revuelo que tanto Sirvent como otros detractores de esta práctica médica intentaron que no volviera a ejercer la profesión.

Y lo lograron, pero solo en parte, pues incluso fuera del hospital mantuvo la confianza de sus pacientes, y pudo seguir trabajando en su propia consulta privada.

Para entonces, Elena se encontraba bastante desencantada y decepcionada con la condición humana. Arrastraba este sentimiento desde que tuvo que huir, al comienzo de la Guerra Civil española, tras haber visto las atrocidades cometidas por uno y otro bando. Así que decidió, definitivamente, no volver a ejercer la medicina salvo en el ámbito privado, y alternó esta práctica con la enseñanza del español en el Consulado Americano, donde tuvo como alumnos, entre otros, al novelista y director de la Escuela Norteamericana de Tánger John Hopkins. Y fue precisamente el escritor quien, en su libro *The Tangier Diaries* describiría a Elena Gómez Spencer –para él, simplemente, Elena Spencer– como independiente, intelectual y una brillante cocinera.

Su perfil intelectual quedaría patente en la ciudad norteafricana ya que, como hemos avanzado, Elena era la anfitriona de unas tertulias literarias en las que igual compartían impresiones sobre la lectura de El Principito, que descubrían la narrativa de Ángel Vázquez, en su obra maestra *La vida perra de Juanita Narboni*. El periodista y escritor Domingo del Pino Gutiérrez llegó a llamarla la Madame Staël de su grupo de inquietos adolescentes, haciendo alusión a la intelectual francesa de principios del siglo XIX, que muchos consideran en la actualidad la madre espiritual de la Europa moderna.

Elena Gómez Spencer volvería en numerosas ocasiones a tierras españolas para visitar a sus familiares. Sin embargo, ya nunca abandonó Tánger, la ciudad en la que finalmente fue enterrada tras su muerte. La ciudad que la acogió con los brazos abiertos cuando el aire al otro lado del Estrecho terminó por volverse irrespirable.

Jimena
Quirós
Fernández-Tello

Jimena
Quirós Fernández-Tello

A mediados del siglo XIX comenzó la expansión del consumo doméstico del gas, que había tenido su origen en la ciudad de Barcelona. Fue así como José María Quirós y Martín llegó a Almería para iniciar su distribución. Con él viajaba su familia: su mujer, Carmen Fernández-Tello y Gavilán, y sus hijos Carmen y José Manuel, nacidos en Alicante, anterior destino de la familia. Madrileños, pero con abuelos andaluces –de Málaga y Sevilla–, fue en la capital almeriense donde la familia Quirós Fernández-Tello se asentó y tuvo a sus otras dos hijas. Una de ellas, Dolores, falleció a corta edad. La segunda, Jimena, nació el 5 de diciembre de 1899, cuando José María Quirós tenía 32 años. A los pocos meses del nacimiento de la menor de los cuatro hijos, el padre desapareció para siempre de sus vidas. Ciertos negocios que no fueron según lo previsto, la acumulación de deudas y la incapacidad del cabeza de familia para gestionar aquellos reveses le empujaron a emigrar a Argentina sin mirar atrás. No obstante, el buen funcionamiento del colegio de señoritas que la madre, Carmen Fernández-Tello, abrió en 1898 en Almería hizo que el impacto de la huida del padre fuera mínimo. La madre de Jimena era una mujer valiente y emprendedora, y una cualificada docente, cuyo tesón fue más fuerte que el miedo en aquellos tiempos difíciles. Así, gracias al centro, pudo sacar adelante a sus cuatro hijos, tras el abandono de su marido.

El colegio de señoritas, además de convertirse en el pilar de la economía familiar, resultó fundamental para que Jimena pudiese estudiar junto a sus hermanos. Jimena fue una alumna brillante, que se convirtió en una pionera almeriense al conseguir el bachillerato, y antes de cumplir los 18 años, salió de Almería con destino a Madrid para seguir sus estudios. Eran los primeros pasos de un camino que la llevaría a convertirse en la primera oceanógrafa de nuestro país. Mientras ella sentaba las bases de su nueva vida en la capital, su madre siguió al frente del colegio unos años más junto a su hermana Carmen, quien, además de ser una gran pianista, la ayudaba con las clases. Pero la salud delicada de Carmen y la jubilación de su madre hicieron que finalizase la aventura familiar en Almería, y que ambas pusieran rumbo a Madrid a vivir junto a Jimena.

Por otro lado, el hermano mayor, José Quirós, también abandonó pronto la ciudad de Almería para iniciar su carrera política dentro del Partido Republicano Radical Socialista, en el que más tarde militaría Jimena. Después de estudiar el bachillerato en Madrid llegó a ser funcionario por oposición del cuerpo de Estadística, y más tarde alcanzó el puesto de gobernador de Navarra, que ocupó desde octubre a diciembre de 1933. Tras ganar la derecha las elecciones de ese mismo año, José abandonó su puesto y pasó a ser corresponsal de la Agencia Febus en Toledo, desde la que abasteció, en los años previos al comienzo de la Guerra Civil, a los principales periódicos afines al bando republicano.

José fue fusilado el 6 de octubre de 1936, nada más empezar la guerra, en las tapias del Cementerio Municipal de Toledo. Recuperar su cuerpo fue todo un calvario para la cuñada de Jimena, que tuvo que tirar de contactos familiares para darle una sepultura digna y privada. Finalmente, el 24 de marzo de 1941 consiguieron recuperarlo de la fosa común en la que había sido enterrado en el patio 42 del cementerio toledano, tal y como sucedió a lo largo de la Guerra Civil y en los primeros años del Franquismo. Tras la exhumación del cadáver y las correspondientes gestiones, la familia pudo saber, según constaba en el expediente policial, que José Quirós figuró en este como uno de los representantes de la masonería española, motivando así su condena. Se referían a él como "Jefe de Grande Oriente Español". El General Francisco Franco, además de acabar con La República, tenía como objetivo fundamental eliminar las logias y a sus miembros, aprobando, en los primeros años de la dictadura, algunas Leyes y Decretos, como la Ley para la Represión de la Masonería y el Comunismo, de 1940. Y es que, según diversos historiadores expertos en este tema, parece ser que el paso del sistema monárquico al republicano fue coincidente con el denominado periodo de oro de la masonería en España, si bien es cierto que ninguno de los masones del momento pertenecía al Partido Republicano; los había de casi todos los partidos de izquierdas de aquella época.

La relación de Jimena con su hermano pasó momentos difíciles, tanto que estuvieron unos años sin hablarse. No trascendieron los motivos ni cómo retomaron el contacto, pero lo cierto es que ambos participaron intensamente en la vida política del país. Los lazos de Jimena con la familia de su hermano se mantuvieron en el tiempo, tanto, que su sobrino José Manuel Quirós Castaño fue, por decisión consciente de Jimena, su único heredero, al margen de que los otros cuatro hijos de su hermano José fallecieran de diversas enfermedades durante la infancia.

Jimena llegó a Madrid en el año 1917, y ese mismo año comenzó sus estudios de Ciencias en la Universidad Central, al tiempo que la vida política del país, la defensa de los derechos de la mujer y la calidad de la enseñanza centraron sus intereses y sus preocupaciones. Al igual que otras muchas mujeres que formaron parte de la Edad de Plata de la ciencia en España, Jimena fue alumna de la Residencia de Señoritas, donde entabló una gran amistad con otra notable almeriense, como fue la periodista, escritora y activista de los derechos de la mujer, Carmen de Burgos. Y es que la residencia, además de incentivar la educación de las mujeres, también sirvió para alimentar el movimiento feminista de nuestro país.

En su faceta de mujer de ciencia, el mar le llamaba especialmente la atención. Esto la llevó a matricularse entre 1919 y 1921 en varios cursos que se impartían en el Instituto Español de Oceanografía (IEO). Cursos como "Técnica de microscopía aplicada al plancton" o "Química del Mar" atrajeron el interés de Jimena, y tal fue la pasión que puso en cada uno de ellos, que durante el tiempo en el que participó de aquellos cursos fue nombrada alumna interna del IEO, primero, y ayudante, después. A pesar del esfuerzo que suponía compaginar aquella nueva ocupación con sus estudios en la Universidad, el 27 de octubre de 1921 Jimena se licenció con sobresaliente en Ciencias, sección naturaleza, y recibió el premio extraordinario, siendo la única mujer de todas las carreras científicas de la Universidad Central en obtener tal galardón. Ese mismo año se convirtió en la primera mujer española en embarcar en una campaña oceanográfica como científica, campaña que había preparado ella misma por orden del director del Instituto. El buque elegido fue el Giralda, y el viaje duró un mes, en el que recorrió las costas españolas del Mediterráneo, ejerciendo de ayudante del oceanógrafo y naturalista francés Julien Thoulet a lo largo de toda la travesía. Tras esta primera experiencia, Jimena se trasladó al laboratorio del IEO en Baleares, opositó y se convirtió en la primera mujer contratada por una institución científica en nuestro país, alcanzando así un hito en la historia de la ciencia en España que no se ha recordado lo suficiente. Años más tarde lo hicieron sus compañeras Emma Bardán (en 1924, a bordo del velero del Laboratorio de Málaga Príncipe Alberto de Mónaco) y María de las Mercedes García López (en 1926, en el mismo velero), pero fue Jimena la responsable de recorrer ese camino por primera vez. En aquellos años, las tres mujeres se convirtieron en las primeras que formaron parte del equipo de trabajo de un total de 18 científicos en la plantilla del Instituto Español de Oceanografía.

El interés de Jimena y las ganas de investigar la llevaron en 1922 a Málaga para indagar sobre la biología de los moluscos. De esta investigación nació su primer artículo científico, siendo pionera también en esto, ya que era el primero en el ámbito marino de nuestro país que firmaba una mujer. En este trabajo, además de describir la biología y la distribución de más de 40 especies, Jimena las dibujó, ya que, aunque sea una de sus facetas más desconocidas, ella fue una gran dibujante científica. Estos dibujos, junto a otros que realizó a lo largo de su vida, fueron conservados por su familia hasta que se perdieron en un incendio en la casa familiar de Madrid.

Tras el paso por Málaga, Jimena se trasladó a los laboratorios centrales del IEO en Madrid, en diciembre de 1923, para trabajar con el científico y profesor universitario Rafael de Buen Lozano, en el Departamento de Oceanografía. En este tiempo, Jimena volvió a vivir en la Residencia de Señoritas, pero esta vez lo hacía como profesora. Ya en su etapa universitaria mostró interés por la labor docente, e incluso llegó a presentarse a varias oposiciones para profesora auxiliar. Y aunque no logró obtener esta plaza, sí que pudo impartir clases, en la residencia, de Zoología, Biología y Geología, durante un año, y de Mineralogía, durante otro.

En esta época comenzó a tomar fuerza y espacio su carrera política, alcanzando la vicepresidencia de la Asociación Juventud Universitaria Femenina y, en 1928, llegando a presidir el comité de organización de la XII Conferencia Internacional de la Federación Internacional de Mujeres Universitarias que se celebró en España. Dos años más tarde comenzó a militar en el Partido Republicano Radical Socialista junto a su hermano José, y en 1932, dirigió la sección femenina del partido. Junto a Clara Campoamor, María de Maeztu, Elisa Soriano, Matilde Huici y Carmen de Burgos comenzó su lucha por los derechos de las mujeres, siendo una de las propulsoras de la emancipación social, cultural y política de la mujer durante la Segunda República (1931-1939).

Pero esto no significó que su pasión por la carrera investigadora quedara en segundo plano. En 1925, el profesor de la Universidad de la Sorbona de París M. Adrien Robert impartió un curso de biología marina que dejó una profunda huella en Jimena. Tal fue el efecto de aquel curso, que la joven decidió trasladarse a la universidad francesa para trabajar durante todo un verano en el laboratorio de la universidad y en la Estación Biológica de Roscoff, en la Bretaña francesa.

Un año más tarde Jimena presentó, ante la Junta de Ampliación de Estudios, una solicitud para realizar una estancia en la Universidad de Columbia, en Nueva York, con la intención de ampliar sus estudios, tutorizada por algunos de los científicos más importantes de la época como el profesor Douglas W. Johnson, una de las voces más autorizadas en el mundo de la geografía y la geología. La Junta aprobó aquella solicitud, y la misma María de Maeztu (directora de la Residencia de Señoritas, de la Institución Libre de Enseñanza) redactó una carta de apoyo con la que respaldó la solicitud de Jimena. Así, gracias a la excedencia que le otorgó el IEO y los 1500 dólares con los que la universidad americana becó la estancia, para cubrir sus gastos, Jimena estudió, durante un curso, Geografía Física de la Atmósfera y los Océanos, ampliando sus conocimientos en estas materias, además de colaborar en trabajos de investigación y de participar en los seminarios organizados por el grupo con el que colaboraba.

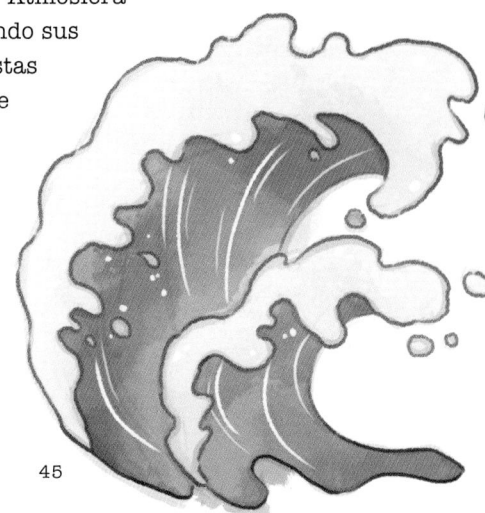

A la vuelta de su estancia estadounidense, y coincidiendo con la caída de la dictadura de Primo de Rivera, Jimena comenzó a poner a la cabeza de sus prioridades su carrera política y la defensa de los derechos de la mujer. Esto la llevó a participar en multitud de actos para destacar el papel de la mujer en la sociedad, centrándose, sobre todo, en lo relativo al desempeño en el ámbito de la ciencia. Estas charlas la llevaron en varias ocasiones a su Almería natal, entre 1931 y 1932. Los periódicos locales de la época se hicieron eco de sus charlas. *El Diario de Almería* en su número del 20 de junio de 1931, escribía esto en su portada *"(...) justificó la actuación de la mujer en las luchas políticas y en la vida cotidiana, y declaró que las Cortes Constituyentes van a realizar la transformación profunda de la vida social de España (...)"*. También *La Crónica Meridional* y *El Heraldo de Almería* colocaron en lugares preferentes de sus respectivos medios su charla en la sala Hesperia de Almería capital. Al siguiente año visitó también las localidades de Adra y Níjar. En esta última localidad impartió una conferencia titulada "La mujer en la actualidad". En su discurso resaltó el activo papel que correspondía a la mujer tanto en cuestiones relativas con la enseñanza como en la sanitarias y agrícolas, además de la responsabilidad que tenía el hombre cuando no quería incorporar a la mujer en el nuevo movimiento social que ya había comenzado.

A pesar de haberse marchado muy joven de Almería, la vinculación de Jimena con la ciudad se mantuvo férrea a lo largo de los años. En varias ocasiones envió artículos sobre sus propuestas para la provincia, como el que publicó en *La Crónica Meridional* el 11 de marzo de 1928, años antes de que intensificara su activismo político. En este artículo defendía la creación de un Museo Provincial de Almería como una institución para la educación, y motor para trabajar por la provincia. Instó a los diputados provinciales para que obtuviesen el dinero necesario y pedía suscripción popular para su mantenimiento y equipación. Así lo reflejó en este artículo de su propio puño y letra. *"(...) Los que vayan a ese museo serán de dos clases: unos que tienen conciencia de lo que hace falta y otros que nunca pensaron en lo que puede hacerse, porque desconocieron los elementos naturales del país en que viven, pero todos, seguramente, se sentirán impulsados por el mismo deseo: trabajar un poco por Almería (...)".*

En 1931, para las elecciones que tuvieron lugar poco después de la proclamación de la Segunda República Española, con el fin de elaborar una nueva constitución, Jimena intensificó su actividad política, participando en multitud de mítines. Para dichas elecciones las bases del Partido Republicano Radical Socialista seleccionaron a Jimena para ser candidata por Almería. Pero finalmente la dirección general del partido eligió a José Salmerón García y Nicolás Salmerón García, ambos hijos de Nicolás Salmerón y Alonso (expresidente de la Primera República), y a Miguel Granados Ruiz, primer alcalde de Almería con la Segunda República.

A pesar de la decepción por no ser la elegida por el partido, Jimena continuó en la primera línea política, y su nombre sonaba con fuerza para las candidaturas de las siguientes elecciones. Como ya hemos dicho, esta etapa la vivió junto a su hermano José. Con él, y con el sector más izquierdista, Jimena vivió las luchas internas que llevaron a la escisión del Partido Republicano Radical Socialista (PRRS). Probablemente debido a la intensidad con la que vivió aquel proceso, Jimena tampoco fue candidata en las elecciones de 1933, cuyos resultados dieron una mayoría parlamentaria a los partidos de centro-derecha y derecha, iniciándose así el conocido como bienio radical-cedista entre 1933 y 1936. Independientemente del resultado, para Jimena aquellas elecciones supusieron un hito mayúsculo ya que fueron las primeras en las que los casi siete millones de mujeres censadas en ese momento en España pudieron ejercer su derecho al voto. A partir de ese momento, seguramente motivado por el desencanto que le produjo la desaparición del PRRS, Jimena comenzó a dejar que la política ocupara un lugar menos relevante entre sus prioridades, centrándose nuevamente en el ámbito científico.

En el año 1932 Jimena había pasado a liderar la sección femenina del partido y fue en ese momento cuando comenzó a tener problemas en el campo laboral con el que fuera su mentor en el IEO, Odón de Buen y, sobre todo, con el hijo de este, Rafael de Buen, que en ese momento era su jefe directo, y cuya relación con él llegó a convertirse en su mayor pesadilla. Aunque los motivos no se conocen con precisión, todo apunta a una doble motivación. Por un lado, existía un evidente problema de celos profesionales debido al nivel científico que estaba alcanzando Jimena y su repercusión internacional. Y, por otro, debido a su activismo político, sobre todo en lo que tenía que ver con la defensa de las libertades de la mujer. En los pasillos del IEO se decía que ambos, padre e hijo, temían que les pudiera hacer sombra hasta el punto de llegar a peligrar para ellos la dirección del Instituto.

Para mantenerla alejada, al menos físicamente, el IEO envió a Jimena a Santander para que realizara un trabajo en el mar Cantábrico durante tres meses. En este tiempo realizó una ingente cantidad de trabajo. Pero, además, Jimena fue crítica en su informe con lo que se había realizado hasta el momento en la zona. Ella registró tantas operaciones en estos tres meses como las que se habían llevado a cabo en los cuatro años y medio anteriores, además de poner de manifiesto el poco interés que tenían las realizadas con anterioridad. Por otro lado, Jimena manifestó su queja por la falta de material y personal para poder realizar las mediciones que se le habían encomendado, poniendo en evidencia el papel de Rafael de Buen, el hijo del que había sido su mentor. Y ahí comenzó su calvario dentro del Instituto.

La previsión era que ella entregara su informe final antes de acabar el año 1932, pero llegó enero y aún no lo había hecho. Por este motivo, Odón de Buen, a petición de su hijo, decidió apartar a Jimena del departamento de Oceanografía y la expedientó en febrero de 1933. Fue otro hijo del director del Instituto el encargado de instruir el expediente que finalizó con una resolución en su contra. Esta situación supuso una merma en su honorabilidad y de su prestigio entre los compañeros.

Pero Jimena no se cruzó de brazos y comenzó una de las batallas legales que tuvo que llevar a cabo a lo largo de su vida. Solicitó al Ministerio de la Marina, al que pertenecía el IEO, que la confirmase en su cargo de ayudante del Departamento de Oceanografía, confirmación que llegó el 23 de enero de 1934, a pesar de los informes negativos de Odón y Rafael de Buen. Jimena no se conformó con la sentencia, y, nada más llegar esta resolución, comenzó otro requerimiento legal contra el expediente que se le había interpuesto por no haber tenido a tiempo el informe de Cantabria. Quería restablecer su honor. Durante este tiempo Jimena tuvo acceso a las tablas de cálculo con las que pudo acabar el informe, y lo entregó directamente al subsecretario de Marina Civil. En este proceso quedó demostrado que Jimena no había entregado a tiempo el informe porque no se le había facilitado el material necesario, tal y como ella denunció en su momento. En la resolución final quedó absuelta de todos los cargos.

En estos años de batallas legales, Jimena se apartó del IEO y se dedicó a la enseñanza, como ya había hecho a la vuelta de su viaje de Estado Unidos. En 1933 se presentó a los cursos de selección de profesorado para institutos de enseñanza secundaria, y los aprobó. Tras varios trámites se trasladó a Bilbao, donde impartió Historia Natural en el Instituto Nuevo de la ciudad. Estuvo un año completo y a finales de 1934 volvió al IEO, donde había recuperado su puesto de trabajo, en el que se mantuvo hasta 1936, año en el que comenzó la Guerra Civil y el Gobierno de la República le pidió que volviera a la enseñanza como profesora de instituto. El 6 de agosto de 1936 el Frente Popular se hizo con el mando del Instituto Español Oceanográfico, y Jimena pasó a formar parte de la nueva junta directiva de la Sociedad Geográfica Nacional.

Un año después, Jimena fue trasladada a Valdepeñas como profesora de Ciencias, y al año siguiente volvió al IEO. Fueron años convulsos para toda España, que trajeron dinámicas muy cambiantes para Jimena, en los que igual era aceptada su vuelta al IEO, como se publicaba su cese a petición del mismísimo ministro de Defensa Nacional, Juan Negrín y López. Tan pronto era expulsada como volvía a su puesto docente.

Al finalizar la guerra, el gobierno franquista le ordenó regresar a Madrid y presentarse en el Ministerio de la Marina. Como otros muchos científicos de la época, sufrió un proceso de depuración que finalizó en 1940 con la destitución de Jimena como científica del IEO, al considerarla "de ideas izquierdistas, por haber pertenecido al Partido Radical-Socialista desde su fundación, haber tomado parte en las deliberaciones y debates del Congreso del Partido y, al producirse el Alzamiento, continuar haciendo manifestaciones de la misma ideología y, en relación con los dirigentes del Frente Popular, haber recibido diferentes cargos, predominantemente culturales".

A pesar de aquello, ella se consideraba una persona afortunada. Corrió mejor suerte que muchos de sus colegas, y que su propio hermano, ya que, aunque su carrera como investigadora se vio truncada, pudo seguir dando clases en centros privados de enseñanza.

Como muestra su biografía, Jimena no fue una mujer conformista que aceptara sin más lo que la vida disponía. Ella siempre mostró su disposición a luchar por lo que consideraba justo, especialmente en lo referido a los derechos de las mujeres y la formación de las niñas para lograr una verdadera independencia y autonomía intelectual. Consecuente con ello, en 1966, Jimena decidió reiniciar su pelea por la restitución en su puesto en el IEO, batalla legal en la que estuvo enfrascada durante tres años. Finalmente, el 21 de noviembre de 1969, después de sobrevivir casi treinta años dando clases particulares a domicilio en el Madrid de la posguerra, y durante los cuales sufrió un íntimo destierro interior, Jimena consiguió su derecho al servicio activo. Para entonces, había cumplido ya los 70 años, y lo hizo como jubilada. Pero aquella victoria judicial llevó aparejado el reconocimiento de todos los trienios que le correspondían, con lo que, de alguna manera, se restituyó el error que durante tres décadas la mantuvo alejada de la que había sido su vocación y su pasión.

En sus últimos años de vida, Jimena se refugió en la Teosofía, un conjunto de doctrinas religiosas que defienden que el conocimiento de Dios se puede alcanzar sin necesidad de la revelación divina, que presentan un aspecto místico y que creen en la transmigración de las almas. Así, participó en esta disciplina de manera activa con un grupo de personas de Madrid que se convirtió en su nueva familia. Se desconoce qué sucesos desembocaron en esta nueva etapa de su vida, tan diferente, en principio, de aquellos años que la condujeron por el mundo de la oceanografía y la política de izquierdas.

Jimena Quirós no se casó nunca ni tuvo hijos, y falleció el 23 de junio de 1982 en una residencia de mayores de Pozuelo de Alarcón (Madrid).

Isabel
Téllez
Molina

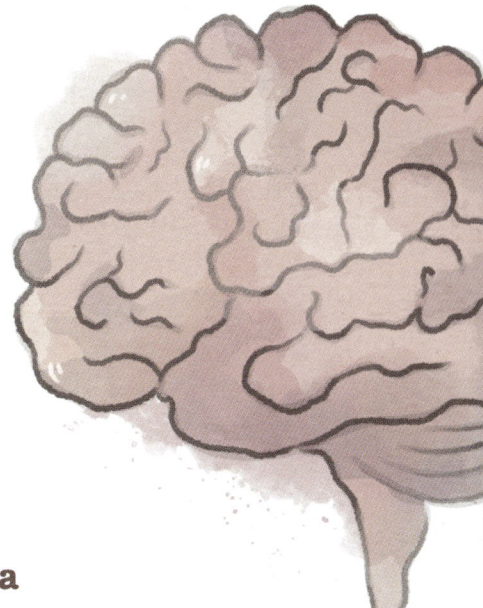

Isabel
Téllez Molina

El 5 de julio de 1910 nació Isabel Téllez Molina, la segunda de los cinco hijos que tuvo el matrimonio formado por Ricardo Téllez González e Isabel Molina. Su madre provenía de una familia de ambiente sobrio, orden, trabajo y cultura religiosa, tal y como relata ella misma en sus memorias. Su padre era hijo de Antonio Téllez, malagueño que se refugió en Almería tras el exilio que sufrió en Orán por sus ideas republicanas y por pertenecer a la masonería, organización en la que alcanzó el grado de Venerable. El abuelo de Isabel se casó con María González, una almeriense de 15 años, estableciendo el joven matrimonio su núcleo familiar en la ciudad.

Ricardo Téllez era graduado de bachiller y profesorado mercantil, trabajó en gestiones comerciales en la provincia y fue nombrado secretario general de la Cámara de Comercio de Almería. Esto permitió que la familia tuviese una situación cómoda "(...) *vivo en un apartamento luminoso con seis amplios dormitorios y grandes balcones, situado en la Puerta de Purchena, edificio de cuatro pisos, el primero en Almería construido con ascensor"*. En los primeros años, la familia se mudó en varias ocasiones, siempre en la misma zona, cada vez con más comodidades, hasta llegar a vivir en una casa con jardín. También disfrutaban del cortijo materno en una localidad cercana a la capital donde la madre de Isabel les enseñó las fases de la Luna y el caminar de las estrellas en el cielo, tal como describe la propia Isabel.

Isabel Téllez tuvo cuatro hermanos: Salvador, Ricardo, Carmen y Pepita. Actualmente no queda ninguno de ellos con vida. En el verano de 2022 falleció Marisol, una de las hijas de Salvador, gracias a quien hemos podido rescatar parte de la historia de esta científica almeriense.

En el parto de Carmen, la salud de la madre de Isabel se resintió debido a complicaciones en el nacimiento, así que tuvo que guardar cama durante bastante tiempo. Por este motivo, Isabel asumió el papel de cuidadora de su madre y de la hermana recién llegada. Años después, mientras Isabel estaba preparándose el examen de Bachillerato, vino al mundo la última hija, *"(...) mi inolvidable y querida hermana Pepita"*. Según describe Isabel Téllez en las páginas de su diario, la infancia y la adolescencia de los tres hermanos mayores recibió toda la atención de su madre, que se entregó a ellos ayudándoles tanto con los estudios como con los complementos en solfeo, piano, dibujo o pintura. Pero las más pequeñas, Carmen y Pepita, corrieron una suerte distinta, sin poder disfrutar de las atenciones que sus hermanos habían recibido de su madre. Su salud, después del parto de Carmen, ya nunca sería la misma, y las consecuencias la acompañarían para el resto de su vida.

En 1923, el padre de Isabel se embarcó en el negocio de los aparatos de radio, restando el tiempo que dedicaba a su familia. Por esos días, la madre comenzó a instruirla a ella en tareas relacionadas con la higiene de la casa, la cocina o el jardín, y dedicaba largas conversaciones con ella en torno a la importancia de que las dos hermanas menores no abandonaran los estudios, pasara lo que pasara. Desde su inocencia, Isabel no alcanzaba a entender la trascendencia de aquellas conversaciones ni por qué le otorgaba ese papel. Pero muy pronto, cuando la niña contaba solo con trece años, un día lo comprendió todo de golpe. Su madre había fallecido.

Ricardo Téllez González se quedó viudo a la edad de 30 años y con cinco hijos. Él se sentía incapaz de asumir las circunstancias con las que de repente se encontró. Pero, entonces, entraron en juego Antonia y Diego Romero Molina, primos de la madre, que asumieron la tutela de los pequeños y se hicieron cargo de la educación de Salvador, Isabel, Ricardo, Carmen y Pepita. Poco después, Salvador comenzó la carrera de Derecho y, por el bien de todos, los otros cuatros hermanos ingresaron en un internado. Conforme iban avanzando en sus estudios, y la edad se lo iba exigiendo, los tíos Diego y Antonia fueron enviando a cada uno de ellos a Madrid, a continuar sus estudios.

Salvador, el mayor de los hermanos, durante sus años universitarios participó en la formación y organización de la Federación Universitaria Española, junto a María Zambrano, Aurora Riaño, Antolín Casares, Pablo de la Fuente y muchos otros. La reforma universitaria de Primo de Rivera, impulsada por el ministro de Instrucción Pública, Eduardo Callejo, dio lugar a un gran enfrentamiento entre el dictador y los estudiantes que, en ciudades como Madrid, Barcelona, Valencia o Granada, se manifestaron en huelga y dieron lugar a importantes altercados. Salvador, que tuvo un gran compromiso con el movimiento republicano de la época, participó de muchas de aquellas protestas estudiantiles, acabando en la cárcel en varias ocasiones. Tras finalizar la carrera, y con el bagaje intelectual y académico adquirido en aquellos años convulsos, Salvador terminó ingresando en el cuerpo diplomático español. Fue uno de los 27 miembros de la diplomacia que el gobierno de la República desplegó por el mundo. Tuvo el cargo de vicecónsul en Puerto Rico y Chile. En este ambiente, promovió el ingreso de Isabel en la Residencia Universitaria Internacional Femenina, conocida como la Residencia de Señoritas *"(…) lugar difícil de entrar por estar bajo la supervisión de la Junta para la Ampliación de Estudios, y en parte subvencionada por universidades norteamericanas. En ese momento había 400 internas (…)"*. Fue el preámbulo de su incorporación a sus estudios universitarios.

Isabel, muy consciente del momento histórico que le había tocado vivir, comenzó a empaparse de la vida cultural, social y política de la capital. En la residencia asistió a las conferencias y charlas que daban los intelectuales y escritores de la época, como Unamuno, García Lorca o Alberti. *"(…) recién llegada tuve la oportunidad de hacer corro con Ortega y Gasset quien aquel día había sido el invitado"*. Además de asistir a la inauguración del Club Lyceum Femenino.

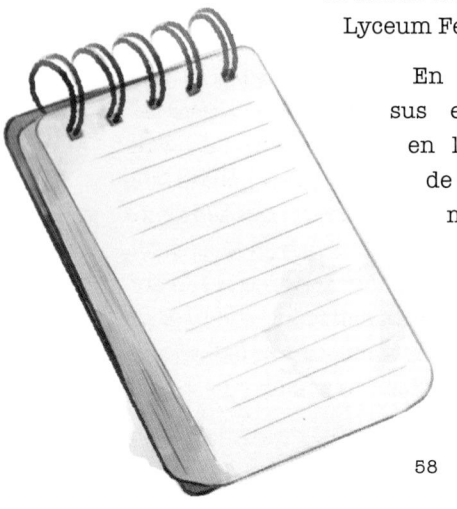

En este marco, comenzó sus estudios universitarios en la Universidad Central de Madrid. Como sus mejores notas del bachillerato las obtuvo en las asignaturas de matemáticas y química, Isabel eligió cursar la carrera de Ciencias Químicas. Pero pronto se dio cuenta de que su camino había de ser otro, y en el curso 1927-1928 se matriculó en el preparatorio de Medicina de la misma universidad.

Como complemento a su formación universitaria, Isabel asistió a los cursos básicos de las asignaturas del preparatorio en los Laboratorios del Instituto Cajal (laboratorio de Investigaciones Biológicas), que acogía a investigadores sobresalientes tutelados por el propio Premio Nobel Santiago Ramón y Cajal. Tal fue el caso del Laboratorio de Fisiología general, dirigido por el doctor Juan Negrín, un hombre fundamental en la historia de nuestro país, tanto por el papel que tuvo en el Gobierno de la República, como por su labor de promoción y desarrollo de la ciencia en España. Otro de los laboratorios que conoció fue el de Serología y Bacteriología, dirigido por Paulino Suárez. Todos estos laboratorios, construidos para la formación práctica universitaria y para iniciar a los futuros investigadores españoles, se encontraban en los sótanos de la Residencia de Estudiantes.

Isabel compartió con su hermano sus ideas políticas. Ella misma relata en su diario que junto a su cuñada, Mª Luz Urech, compartía momentos con los familiares de los amigos detenidos y en comisión visitaban a los intelectuales que entonces les aconsejaban en forma de tertulias y reuniones en lugares públicos, donde las invitaban a colaborar en los comités a favor de los presos intelectuales. Esta actividad era llevada por Isabel de forma paralela a su vida académica y de investigación en el Instituto Nacional de Psicotécnica, entre los años 1930 a 1934, en cuyo tiempo pasó de ser alumna a profesora médica asociada. Su educación se completó en el Hospital General de Madrid bajo la supervisión del doctor Gregorio Marañón, médico internista, científico, historiador, escritor y pensador español, uno de los más relevantes del siglo XX, además de político y promotor de la Segunda República. Isabel resaltó que a él le debía su preparación para sus posteriores actividades profesionales.

Otros de los pilares de su formación fueron el Doctor Vázquez Velasco, al que definió como amigo y colega, y el doctor López Ibor, con el que trabajó cuatro años, antes de salir de España.

En esos años, en la Residencia de Señoritas llevaba la dirección de estudios de los alumnos desadaptados. Isabel ya tenía claro que su especialización sería la psiquiatría. Desde 1930 a 1935 fue alumna asistente en el Servicio de Psiquiatría infantil en la Inspección Médica Escolar del Estado, donde se convirtió en la primera mujer con esta especialidad.

Pero sus estudios no la apartaron de la política y así relató la proclamación de la República el 14 de abril de 1931 "(...) *las sorpresivas elecciones que se realizan en completa armonía con el resultado deseado por el pueblo echan al suelo la esperanza de los prepotentes. Sin embargo, se tarda en saber que ha llegado el día, y es el 14 cuando se enarbola la bandera de la Libertad con amarga sorpresa para los otros. Hay apremio por conseguir banderas de mano, incluso yo elaboro tres para diferentes escuelas. Los trascendentes acontecimientos me afectan tanto que pasé aturdida una semana, pero recobrando energía me dispongo a terminar pronto la carrera (...)*".

La llegada de la República trajo consigo innumerables beneficios en forma de cursos de verano para aquellos estudiantes que querían ampliar su formación académica. Isabel asistió a varios de ellos en la Universidad de Santander. Al igual que sus hermanas menores, ella quiso aprovechar esta oportunidad de seguir formándose durante dos veranos. Tras este tiempo, Isabel volvió a su querida Almería para estar con sus tíos y tutores. Para entonces, su padre se había vuelto a casar y formó otra familia.

En 1934 finalizó la carrera de Medicina, tras lo cual comunicó a sus tutores que ya tenía los ingresos suficientes para independizarse. Desgraciadamente, estos ingresos no eran suficientes para mantener a sus hermanas, Carmen y Pepita, lo que deseaba con todas sus fuerzas. Pero ella no perdía el ánimo, y había depositado su esperanza en el nombramiento universitario de Inspector Médico Escolar, a través de una oposición que finalmente nunca se convocó. Por este motivo, decidió realizar el doctorado entre los años 1934 y 1936. En mitad de aquel periodo, en 1935, contrajo matrimonio con un médico especialista en odontología de origen alemán, Augusto Bartak, al que conoció en la Universidad. Toda la familia, incluso la de Almería, se trasladó a Madrid para el feliz acontecimiento. *"(...) se aproxima la fecha del matrimonio civil por lo que mi familia viaja y todos nos preguntamos qué vamos a hacer para festejarlo. Llegó el día, llegó la hora y llego yo con la familia y algún amigo de él, pero el protagonista se demora 45 minutos, llega casi al cerrar el juzgado (...)"*. Estas frases son el pronóstico del matrimonio infeliz en el que vivió sumida Isabel. Su marido, anclado en una mentalidad sumamente conservadora, no entendió nunca el aire de libertad que ella quería insuflar a su vida. Y tal fue así, que él acabó convirtiéndose en una desgracia para toda la familia, ya que incluso llegó a denunciar a los hermanos de su esposa por republicanos tras la Guerra Civil.

Con el inicio de la Guerra Civil en España, en 1936, nació su única hija, Paloma. *"(...) con la hija recién nacida he de dejarla en casa para buscar alimento, en*

tanto los obuses cruzan el firmamento. La radio nos informa que el gobierno republicano se ha ido a Valencia. Hambre, miedo, desesperanza, saqueo por los milicianos. Mis hermanas aisladas trabajan muy lejos de mí, han de venir cruzando con el riesgo para dormir juntas con los enemigos en una pieza de la embajada checa (...)".
En estos tiempos convulsos, Isabel intentó huir del país a través de Lisboa, donde permaneció unos meses junto a sus hermanas. Su intención era llegar a Chile, donde su hermano Salvador desarrollaba sus tareas diplomáticas. Pero tuvo que abandonar la idea cuando su hermano regresó a España para apoyar de cerca al gobierno de la República. Una vez finalizada la guerra, Isabel se puso en contacto con sus colegas para buscar trabajo con el que alimentar a su hija. Para entonces, su matrimonio se había roto, y la convivencia con su marido, quien se negaba a que ejerciera la medicina y pretendía controlar todo lo que ella hacía, se había vuelto imposible. Quiso divorciarse, pero él se negó. A pesar de esto, Isabel consiguió llevar una vida independiente de él, y pudo volver a trabajar.

Se reincorporó al Instituto Psicotécnico como profesora, y volvió a la facultad de Medicina para realizar nuevos cursos de formación en Pediatría, Puericultura y en Psiquiatría con el doctor López Ibor. Además, fue nombrada jefa del departamento infantil en la facultad, y directora del grupo de "orientación y selección profesional" (que era uno de los cinco grupos de formación en los que se dividía por entonces la Formación Profesional) en la Institución Sindical Virgen de la Paloma.

Con ambos trabajos, según sus propias palabras, *"(...) consigo llevar una vida normal y procurar un bienestar para mi niña (...)"*. A todo esto se unió el puesto de profesora médica en el Frente de

Juventudes desde 1940 a 1945.

Todo parecía marchar bien, y los abogados Pedro Cortina y Trías de Bes, amigos de su hermano Salvador, le ofrecieron ayuda para regularizar su situación. Pero en ese momento recibió hasta tres citaciones para declarar en diferentes juzgados de Madrid.

La primera de ellas para que desvelara dónde se encontraba escondido su hermano Salvador. La segunda, para entregar el documento de matrimonio católico. Y la tercera, para declarar la residencia actual de su hermano Ricardo. En aquellas citas también fue preguntada por su actividad en los primeros días de la guerra, pero la coincidencia con el nacimiento y cuidado de su hija despejaba cualquier duda que pudiera existir sobre su actividad política. Los jueces quisieron indagar sobre los temas que se trataban en las reuniones estudiantiles a las que ella asistía junto a personajes como Jiménez de Asúa, Marañón u Ortega y Gasset, y le hicieron ver que el conocimiento de esta información iba a resultar fundamental para poder concederle el divorcio. Ante su postura, la resolución judicial se dilató en el tiempo –tres años más, hasta 1949–, lo que Isabel aprovechó para seguir adquiriendo conocimiento, llevar a cabo su labor investigadora y adquirir experiencia, tareas que compaginó con el cuidado de su hija. En ese momento, Isabel sentía que ya nada la ataba a Madrid. Sus hermanos estaban en el extranjero y ella deseaba reunirse con ellos, así que decidió escribir a Salvador, que se encontraba en Chile, y en poco tiempo recibió una carta de este en la que anexaba un documento firmado por el rector de la Universidad de Chile mediante el que le ofrecía una plaza de profesora agregada en el departamento de Psiquiatría en la Escuela de Medicina.

Dispuesta a marcharse, Isabel pidió permiso a su marido para poder sacar el pasaporte a su hija al tiempo que solicitaba el de ella, pero este le denegó la petición. Por suerte, al poco tiempo pudo romper definitivamente con su marido, aunque ni siquiera en su condición de mujer separada pudo salir del país con la niña ante la negativa del padre. Isabel no tenía una situación fácil en aquellos años. Era científica, republicana y divorciada; nada bueno. Pero gracias a la ayuda de un guardia civil amigo de la familia, Isabel pudo poner rumbo a Bilbao y desde ahí salió con destino a Chile "*(...) detrás dejo a mi tía, tutora, anciana repartida entre la familia. Mi padre ha muerto hace unos años por lo que entonces viajé a Almería contemplándolo ya sin vida, no pude visitar a sus hijos que vivían con su madre (...)*". De esta forma cerró su vida profesional con España y partió a Chile en compañía de su hija Paloma, de 13 años, para ver cumplido su deseo de reunirse con sus hermanos.

Desde 1949 a 1950, Isabel dio clases en la cátedra de psiquiatría de la universidad chilena a tiempo parcial. La otra parte de la jornada ejercía como médica en la Clínica de Psiquiatría Infantil junto al doctor Carlos Nassar. En ese año, durante la cena de un congreso de psiquiatría infantil en Chile, uno de sus colegas le ofreció trasladarse a Venezuela. Isabel, tras meditarlo mucho, decidió poner rumbo a Caracas para hacerse cargo del Consejo Venezolano del Niño, donde trabajó desde 1950 a 1958. De forma paralela fundó la primera Casa de Observación de menores en La Guaira "*(...) el equipo que he de dirigir está compuesto por: un psiquiatra infantil, una psicóloga especializada en orientación profesional, maestros, trabajadores sociales... Los menores que llegaban a la institución quedan ingresados como mínimo tres semanas, en las que estudiaban cada caso (...)".*

La fundación tuvo tanto éxito que Isabel Téllez Molina fue nombrada Jefa General de todas las instituciones de menores que se fueron abriendo en el país. Fue la encargada de ordenar los traslados de los menores y el tipo de estudio que se debía hacer a los adolescentes. El segundo centro que abrió fue en Los Teques, y después, el de Los Chorros. Este trabajo la llevó a viajar por todo el país mientras su hija estuvo internada en Miami perfeccionando su conocimiento de la lengua inglesa. Finalmente, Isabel estableció su casa en Venezuela y decidió ponerle el nombre de Indalo a la finca en la que vivía. Lo hizo en honor a un reciente movimiento artístico y cultural que había surgido en Almería de la mano del pintor Jesús de Perceval, el movimiento Indaliano, que a su vez tomó su nombre del famoso símbolo que hoy en día representa a toda la provincia. Durante estos años recibió algunos regalos y correspondencia de su hermano Salvador y de otros miembros de su familia que seguía en Chile. En todos estos envíos, un amigo común de su hermano y de Salvador Allende, presidente de Chile en aquellos años, era el que ejercía de correo. Y fue este hombre el mismo que, al poco tiempo de conocerla, y de forma sorpresiva, le pidió matrimonio. Se casó en segundas nupcias en diciembre de 1953. En ese año fue nombrada directora del Centro de Menores fundado en Caracas y comenzó los estudios para poder convalidar su título de licenciada en Medicina y Cirugía. El gobierno venezolano le entregó también el Título de Nacionalización.

Su carrera dio otro giro en la Universidad con un nuevo ofrecimiento. En esta ocasión la oportunidad venía de la Universidad de Bolívar. No dudó en aceptar el puesto e Isabel tuvo que repartir su tiempo entre esta ciudad del norte de Venezuela y Caracas, donde su marido ejercía de agregado comercial de la embajada chilena. Los años pasaban y por entonces la hija de Isabel ya tenía dos hijos y esperaba el tercero. Creciendo su familia, ella comenzó a pensar que era hora de poner rumbo de nuevo a Chile para volver a estar junto a sus hermanos, pero de forma repentina su marido sufrió un infarto y falleció. Así que su regreso a Chile no fue como había pensado. Viajó acompañando el féretro con los restos de su marido. Eran los primeros años de la década de los setenta, y el país vivía tiempos convulsos que finalizaron con la caída de Allende. La persecución política tocó de lleno nuevamente a la familia Téllez Molina, y sus hermanos volvieron a sufrir un exilio que les obligó a regresar a España en los últimos años de la dictadura de Franco. Isabel descartó volver con ellos aunque con pesar, según sus propias palabras: "(...) *confieso que he llorado mucho en la incapacidad de evadirme sentimentalmente de lo que podría haber sido mi restitución personal (...)*".

Pero las desgracias familiares no habían llegado a su fin. A su vuelta a Caracas, tras la breve estancia en Chile para despedir a su marido, se encontró con la muerte del marido de su hija, que quedó viuda con tres niños. Ante esta situación, Isabel decidió dejar su puesto en la Universidad de Bolívar para estar con su hija. Así, tuvo que enfrentarse de nuevo al papel de madre, pero, esta vez, unido al de abuela, al tiempo que veía cómo sus hermanos regresaban a España desde sus exilios, Chile, Méjico e Inglaterra. Salvador, Ricardo y Pepita fijaron su residencia en Madrid, mientras que Carmen decidió volver a Almería y compró una casa en Carboneras y otra, para pasar el verano, en Agua Amarga, que fue el punto de encuentro de la familia en múltiples ocasiones. Incluso los nietos de Isabel llegaron a pasar algunos veranos en esta localidad del parque natural del Cabo de Gata-Níjar.

En 1978, decidió por fin volver a España, y lo hizo acompañada de su nieto mayor, Edgar. Isabel permaneció en el país hasta 1988, y en ese tiempo convivió con sus hermanos, y buscó a sus amistades y a sus compañeros de profesión. Pero finalmente entendió que, aunque Franco ya no estaba, el país no era el mismo que había dejado 30 años atrás. Además, la distancia con su hija y sus nietos se le hizo insalvable, por lo que decidió volver a Venezuela. Su hija se había casado en segundas nupcias en la localidad venezolana de Valencia. Allí entró en la Universidad buscando su lugar en la cátedra de psiquiatría. En ese tiempo se encontró con su primo Pedro Téllez Carrasco. Este primo era el director del Hospital Psiquiátrico y de la asignatura de psiquiatría en la facultad de Valencia. Tenía ochenta años, pero eso no fue un impedimento para que, además de dirigir tesis doctorales dentro de uno de los grupos de investigación, comenzara a llevar la biblioteca de Ciencias de la Salud. En este puesto estuvo tres años, tiempo en el que decía haber leído hasta 500 libros "(...) *hasta que mi organismo quebró y dejé de conducir, me refugié contemplando cómo es el nacer, crecer y despertar a la inquietud del vivir viendo a mis nietos y biznietos*".

Isabel regresó a España una vez más antes de fallecer, para asistir al funeral de su hermano Salvador que, tras dos ictus, falleció en 1992 a los 84 años.

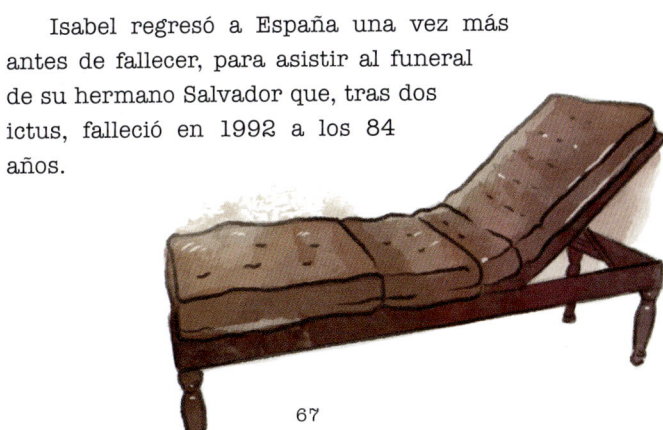

La vida de Isabel Téllez Molina se apagó a la edad de 96 años, el 30 de marzo de 2007, llevando en su cuello la cadena en la que colgaba su indalo de oro, un indalo que la acompañó toda su vida, porque cuando a ella le preguntaban en Venezuela de dónde era, siempre respondía lo mismo: de Almería.

Juana
Álvarez
Bañón

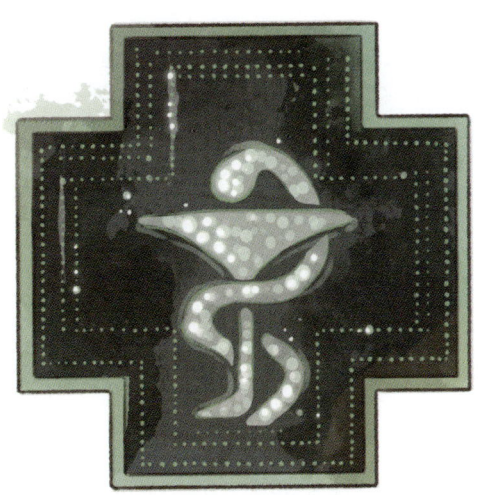

Juana
Álvarez Bañón

En el siglo XIX, poco después de la abolición de los señoríos, Vélez Blanco seguía siendo una población muy humilde de Almería. Sin embargo, empezaban a florecer más puestos de trabajo, gracias a la construcción de nuevos molinos harineros y a la apertura de fábricas de hilaturas y tejidos. A medida que este siglo sucumbía y corrían los primeros años del XX, cada vez más jóvenes podían estudiar, aunque eran pocas las chicas que lo hacían. Una de ellas, la primera, fue Juana Álvarez Bañón.

Nació el 11 de julio de 1899, en el seno de una familia muy ligada a la cultura y la política. Su madre, Araceli Bañón Herráiz, se dedicaba a las labores típicas de las mujeres de su época, aunque tenía sus miras puestas en la educación de su hija. En cuanto a su padre, Mariano Álvarez Álvarez, compaginaba la profesión de maestro de primaria con el puesto de secretario en el ayuntamiento velezano. Procedía de una familia muy conocida y querida en la provincia de Almería. Su bisabuelo, Mariano Álvarez, fue impresor, escritor, político progresista y alcalde de Almería durante el siglo XIX. Colaboró en varios periódicos, como *El Progreso* y *El Pensil*, y fue uno de los impulsores del Liceo de Almería, un punto de reunión para todos los amantes del arte de la provincia.

En el Liceo se reunían los jóvenes escritores para leer sus trabajos, en verso o en prosa. Los pintores exponían sus obras e incluso los músicos y dramaturgos representaban sus creaciones. Contaba con cuatro secciones (ciencia y literatura, artes, música y declamación) y de todas ellas salieron nombres muy importantes de la cultura almeriense. La mayoría de ellos eran hombres, pero también pasaron por allí algunas mujeres, como la poetisa Ana María Franco Guevara.

Por lo tanto, el ambiente en el que se desenvolvió el bisabuelo de Juana era un oasis de cultura y progresismo que traía a Almería una parte de lo que ya empezaba a ser mucho más predominante en algunas grandes ciudades españolas, como Madrid. Esos valores se los transmitió Mariano a sus dos hijos, Arturo y Augusto, quienes se casaron con dos grandes mujeres, también enamoradas de la cultura.

Arturo contrajo nupcias con Carmen de Burgos, quizás el primer nombre que nos venga a la mente si pensamos en mujeres almerienses ilustres. También conocida como Colombine, uno de sus pseudónimos de escritora, Carmen es considerada la primera mujer periodista profesional española, así como la primera reportera de guerra. Además, fue una escritora muy apreciada en los círculos literarios en los que se relacionó con figuras tan importantes como Juan Ramón Jiménez, Benito Pérez Galdós o Vicente Blasco Ibáñez. Pero eso no era todo, pues también dedicó buena parte de su vida al activismo por los derechos de la mujer.

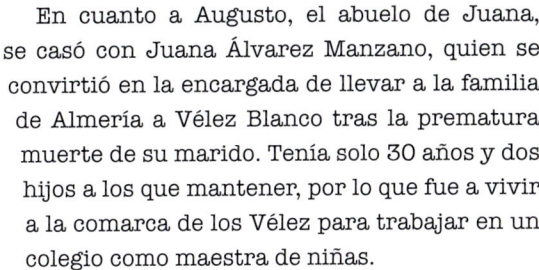

En cuanto a Augusto, el abuelo de Juana, se casó con Juana Álvarez Manzano, quien se convirtió en la encargada de llevar a la familia de Almería a Vélez Blanco tras la prematura muerte de su marido. Tenía solo 30 años y dos hijos a los que mantener, por lo que fue a vivir a la comarca de los Vélez para trabajar en un colegio como maestra de niñas.

Fue una gran referente para la pequeña Juana, quien también tuvo un buen ejemplo en su tía abuela Carmen y en todas esas mujeres que comenzaban a romper moldes en la época. Aunque no desatendía los quehaceres típicos de una señorita de su edad y su posición, Juana siempre tuvo la vista puesta en estudiar, algo en lo que su familia la apoyó en todo momento.

Así, tras finalizar los estudios primarios en el colegio en el que ejercía su abuela, se inscribió en el Instituto General Técnico de Murcia para estudiar el bachillerato, al igual que su hermano Augusto y otros muchos jóvenes de la comarca. Sin embargo, ella fue la primera niña en inscribirse. Fue la primera vez que destacó por su ruptura con las tendencias de la época, pero no sería la última, como veremos más adelante.

Como otros compañeros velezanos, cursó la modalidad libre. Es decir, durante el curso vivía con su familia en Vélez Blanco y solo viajaba a Murcia para hacer los exámenes. Unos exámenes en los que sacó muy buenas notas, nunca menos de un notable, hasta graduarse en 1916. Ese mismo año realizó el curso preparatorio de ciencias de la Universidad de Murcia y finalmente, con 17 años, se matriculó en la Universidad de Granada. Tuvo que cambiar su expediente a este otro centro porque en Murcia no tenía la posibilidad de estudiar farmacia, su gran pasión. Lógicamente, en ese punto sí que tuvo que salir de la casa familiar y mudarse a la ciudad de la Alhambra.

Por aquel entonces, en todas las universidades españolas había inscritas 177 mujeres, lo cual representaba un 0,56% del alumnado. Concretamente, en la Universidad de Granada solo había 3 y Juana era una de ellas. Fue la sexta mujer en matricularse en la Universidad de Granada, la cuarta en farmacia. No hacía ni veinte años que una mujer española se había licenciado en farmacia por primera vez. Esta fue la alicantina María Dolores Martínez, quien obtuvo el título en 1893. Por lo tanto, el camino de las farmacéuticas españolas se encontraba aún en sus primeros tramos cuando Juana se matriculó en la Universidad de Granada.

Pero eso no la hizo acobardarse. Puso el mismo empeño en sus estudios que cuando cursó su etapa de bachillerato, y de nuevo obtuvo unas calificaciones encomiables. Destacó principalmente en botánica, física y química orgánica, por lo que ya se dejaba ver el interés que desarrollaría más tarde por el trabajo de laboratorio, más allá de la simple venta de medicamentos en la oficina de farmacia.

Su primer trabajo, como no podía ser de otra manera, fue en Vélez Blanco, ese pueblo natal al que había seguido viajando todos los veranos. Es cierto que había roto con muchas convenciones; pero, aun así, a una joven soltera no le quedaba otra opción que seguir viviendo en la casa familiar. No se sabe con seguridad dónde se encontraba la farmacia, aunque posiblemente estuviese en la planta baja de su vivienda, pues es ahí donde era habitual instalar ese tipo de negocios en aquella época.

Desde allí, tomó el encargo del ayuntamiento velezano de despachar medicamentos a los habitantes más pobres del pueblo. Además, con solo 22 años abrió su primera farmacia. Aún seguía de cerca los pasos de María Dolores Martínez, quien también se convirtió en la primera española en abrir su propia farmacia en 1899.

Pero Juana no era solo una "mujer de ciencias". Como buena Álvarez, era una gran periodista. Por eso, durante esta época colaboró con la redacción de artículos en varios periódicos almerienses. De hecho, ya había empezado a hacerlo durante su primer año de Universidad. Con solo 18 años, y a pesar de que por aquel entonces escribir se consideraba una tarea propia de los hombres, *El Heraldo de los Vélez* no tuvo reparos en publicar sus artículos. Además, animó a otras jóvenes con inquietudes similares a seguir sus pasos.

Juana, por lo tanto, fue un ejemplo de lo mucho que las mujeres podían aportar en la literatura y el periodismo. Ella, previamente, había bebido de las obras de grandes referentes femeninos como Teresa de Jesús o Concepción Arenal. Pero también de autoras de su misma época, como Emilia Pardo Bazán, Salomé Núñez, Blanca de los Ríos y, por supuesto, su tía abuela Carmen de Burgos.

La joven velezana centró sus textos especialmente en el arte y la ilustración, de los que era una gran aficionada. Pero no solo describía las obras y los entresijos de la profesión, sino que también dejaba ver su implicación política y social, con algunos artículos dedicados a reivindicar la buena remuneración de los artistas:

"(…) *es necesario que surgiendo de los tiempos la justicia se derrame en el artista la poderosa influencia de la remuneración, que desarrolla el germen del genio, como los benéficos rayos del sol hacen que se desarrolle el embrión para formar el tallo y hace salir del botón el ornamento del arbusto... Las artes se han desarrollado, han ensanchado la contraída esfera de su belleza, en los pueblos que como Grecia tenían una excelente institución civil, un gobierno eminentemente libre; en naciones en que tras el trabajo estaba la remuneración (...)".*

A los 23 años, y aún en Vélez Blanco, Juana contrajo nupcias con Pedro Serrano López, con quien tuvo tres hijos: Tomás, Mariano y Paquita. Ya convertida en una mujer casada, pudo salir de la casa familiar, pero no permaneció demasiado tiempo allí. Y es que, tras el golpe de estado de Primo de Rivera, su familia, tan ligada a la localidad almeriense, se vio forzada a abandonar el pueblo. Su hermano Augusto, con quien Juana estaba muy unida, tuvo que irse, al igual que su padre, al que retiraron de su puesto de Secretario en el Ayuntamiento.

El aire se le hacía irrespirable, por lo que la joven Juana y su recién formada familia salieron rumbo a Madrid. Allí, abrió otra farmacia, en la Calle Velázquez número 30. En ningún momento se olvidó de sus raíces, por lo que contrató como mancebas a mujeres que traía directamente de Vélez Blanco.

Y allí fue donde ese interés por la química, que ya se dejaba ver en sus años de estudiante, terminó de forjarse, llevándola a abrir su propio laboratorio farmacéutico. No solo dispensaba las fórmulas recetadas por los médicos, sino que también elaboraba las suyas propias. Por ejemplo, desarrolló varios productos dedicados a la limpieza y el cuidado de la boca que llegaron a hacerse con una gran fama en todo Madrid. De hecho, no solo se vendían en su propia farmacia, sino que empezaron a interesarse por ellos en otros establecimientos de la capital. Incluso se hacían peticiones a domicilio.

Esta fue una época de florecimiento para las farmacéuticas españolas en Madrid. Y es que, mientras Juana dispensaba y formulaba medicamentos en la Calle Velázquez, a 6 kilómetros de allí, muy cerca del Puente de Vallecas, Josefa Bonald, la primera mujer española en dirigir un laboratorio farmacéutico, desarrolló también catorce fármacos diferentes. Si la especialidad de Juana eran los productos para la limpieza de la boca, Josefa destacó por las pastillas Bonald, que contenían principios activos como la benzocaína, el mentol o la codeína. También desarrolló pomadas, jarabes y un vino alimenticio, algo muy común en aquellos años.

Tras el estallido de la Guerra Civil, Josefa pudo mantener su farmacia. Pero en el caso de Juana fue diferente. Si bien no se le conoce actividad política, la situación violenta que estaba viviendo la ciudad la llevó a mudarse de nuevo a su Vélez Blanco natal. Además, su hermano y su padre sí que sufrieron la represión franquista, especialmente este último, quien había trabajado muy activamente por la causa republicana.

Juana tuvo que mantenerse alejada de su querida profesión durante un tiempo. Sin embargo, pasados unos años tras el fin de la contienda, decidió salir de nuevo de la provincia almeriense para trabajar como farmacéutica. Pero esta vez se quedó mucho más cerca, en la localidad de Beniaján, en Murcia.

Allí abrió una farmacia en 1950, en la que siguió trabajando con el mismo mimo que lo hizo antes en Madrid y en Vélez Blanco. En ella vivió en primera persona algunos de los grandes hitos de la historia de la medicina. Buen ejemplo de ello es la comercialización de las primeras dosis de la penicilina. Y es que, si bien es cierto que Alexander Fleming descubrió este fármaco en 1928, su distribución por todo el mundo fue lenta y tardía. En España, concretamente, las primeras dosis llegaron en 1944, para tratar a Amparito, una niña de 9 años que sufría una septicemia estreptocócica. Pero este fue un caso aislado, ya que su distribución general por las farmacias comenzó a regularse en 1948, coincidiendo con la visita del propio Fleming a Madrid.

Por lo tanto, Juana estuvo entre aquellos primeros farmacéuticos que tuvieron el honor de dispensar ese fármaco que tantas vidas ha salvado. Era parte de una profesión que la velezana siguió ejerciendo prácticamente hasta su muerte, que tuvo lugar el 11 de agosto de 1969, cuando contaba con 70 años de edad.

Habían sido casi 20 años en los que se ganó el cariño de los beniajanenses, que incluso nombraron una calle en su honor. No es para menos, pues Juana fue otra de esas mujeres que, con su tesón y esfuerzo, allanaron el camino sobre el que miles de científicas han caminado después. Una calle y este humilde libro suponen solo una pequeña parte del gran homenaje que merece.

Elena
Lazaro
Sánchez

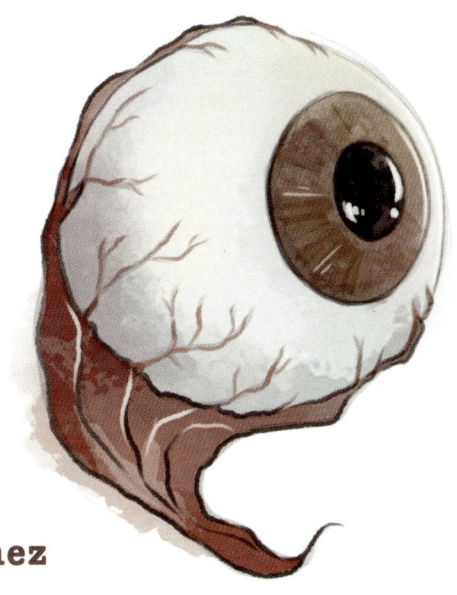

Elena Lázaro Sánchez

La época de finales del Siglo XIX y principio del XX fue primordial para el acceso de la mujer al mundo de la educación sobre todo superior. Las aulas de las universidades empezaban a tener entre sus estudiantes a mujeres, aun así, no todas las carreras eran accesibles. Existía en la conciencia colectiva la idea de que el cuidado de las personas, de la familia y de los mayores correspondía al sexo femenino. Por este motivo, Medicina y Farmacia eran las dos carreras del ámbito de las ciencias en las que más se matriculaban las mujeres que querían realizar estudios universitarios. Pero tampoco creamos que las aulas se llenaron de universitarias, pues era una presencia meramente testimonial, como fue el caso de Elena Lázaro Sánchez. Elena, hija de Antonio Lázaro Ruiz y de Consuelo Sánchez Ocaña, nació el 17 de agosto de 1908 en Abrucena, en el seno de una familia de agricultores con varias tierras en esta localidad de la comarca de Nacimiento. Era la tercera de cinco hermanos: María, Antonio, Elena, Consuelo y Pilar. Su madre tuvo veintiún embarazos, de los cuales llegaron a término nueve, y sobrevivieron cinco.

Elena fue muy buena estudiante en el colegio de su pueblo, con lo que sus padres decidieron enviarla a la capital para que continuara sus estudios de Bachillerato en el que hoy se conoce como Instituto de Secundaria Celia Viñas. Su profesora, al ver su gran capacidad para los estudios, no dudó en hablar con la familia para indicarles que su talento no se debería desperdiciar. Los problemas surgieron cuando quiso elegir los estudios universitarios. Ella desde siempre quería ser maestra, al igual que su padre, pero sus profesores, al igual que otras personas de su círculo más cercano, recomendaron que estudiara medicina.

La familia eligió Granada por ser los estudios de Medicina los que durante casi cinco siglos han dado prestigio a la universidad andaluza, y por ser la que estaba más cerca del domicilio familiar. Aunque sus padres aceptaron que siguiera estudiando, no era habitual en aquella época que una mujer sola abandonase su hogar para trasladarse a otra ciudad en la que realizar sus estudios. Así que su hermana María, la mayor y que no se había casado, la acompañó durante su estancia en la capital granadina. Sus padres también las visitaron en bastantes ocasiones. Fue la única mujer de su clase, Elena era una de las 124 mujeres matriculadas en la universidad andaluza entre la década de 1920 y 1930. A pesar de lo poco habitual que era tener una mujer matriculada en un aula universitaria, sus compañeros la trataron como una igual.

En 1935 Elena se graduó y se especializó en oftalmología, una de las cuatro especialidades más habitual para las mujeres junto con ginecología, obstetricia y pediatría, muy relacionadas todas ellas con el papel de cuidadora de la mujer. Precisamente, que las mujeres estuvieran encasilladas en estas especialidades hizo que, tras los años treinta, la elección de los estudios de medicina por parte de las mujeres descendiera frente a las ciencias y farmacia. En el año 1930, frente a las 199 mujeres matriculadas en España en medicina, había 22 en Ciencias y 777 en Farmacia.

Cuarenta años la separaban de la primera mujer oftalmóloga de España, Trinidad Arroyo Villaverde, a la que le hubiese gustado ser cirujana, pero que prefirió decantarse por la primera ya que sabía que las convenciones sociales imperantes en la época no le iban a poner fácil ejercer la cirugía, precisamente por ser mujer. Como Trinidad, Elena, también fue pionera. Fue la primera oftalmóloga de Almería y la primera médica nacida en un pueblo de la provincia. Fue la tercera mujer que se colegió en la provincia después de Milagros Rivera Tovar e Isabel Téllez.

Durante la Guerra Civil vivió en Abrucena. Apreciada por republicanos y nacionales, Elena atendía de igual forma a los heridos de ambos bandos. En 1940, acabada la guerra, se trasladó a Almería y registró su nombre en el colegio de médicos en 1946.

Elena estableció su consulta privada en un piso de la calle Terriza y pasados unos años adquirió una vivienda en la calle Dolores Rodríguez Sopeña, en pleno centro de la capital almeriense. En la planta de abajo montó una clínica oftalmológica, con quirófano y habitaciones para los pacientes que venían de pueblos de la provincia. En aquella época las operaciones oculares necesitaban de inmovilización del paciente. Para sus paisanos de Abrucena, la operación y la estancia en la clínica eran gratuitos. En ocasiones, incluso, les daba dinero para que pudieran comprar el tratamiento. Mientras operaba "... le gustaba canturrear, algo que interrumpía solo para pedir el instrumental". Con ella vivieron su hermana María, su madre y sus sobrinos; Antonio, hijo de su hermana Consuelo, y Mari Cruz, hija de su hermana Pilar. Ella nunca se casó; la medicina y sus pacientes fueron el centro de su vida. El día no tenía hora límite, podía atender, perfectamente, a un paciente a medianoche, "... a veces ni comía, se tomaba un café y seguía con la consulta".

Su actividad profesional la realizó también en la Bola Azul y en el Hospital 18 de julio. Actividad que compaginaba, como voluntaria, con campañas para tratar el tracoma, en el Dispensario Nacional dedicado exclusivamente a esta enfermedad, situado en La Cañada de San Urbano, además del Hospital Provincial. El tracoma es una enfermedad ocular que comenzó a tener cierta importancia entre los almerienses a principios del siglo XX, sobre todo en los barrios más humildes como La Chanca y Pescadería, pero en la postguerra se propagó por todos los barrios de la capital, y al resto de la provincia. La pobreza y la falta de salubridad, junto a un analfabetismo social muy elevado y al caciquismo dominante en la sociedad almeriense de aquella época, fue el caldo de cultivo para que esta enfermedad, que puede provocar ceguera irreversible, se convirtiera en endémica. Una situación que se vivía tanto en los pueblos como en la capital. En el mundo rural las familias muy a menudo convivían con los animales, a lo que se unía la falta de agua, y una alimentación escasa. Pero no era el único elemento que favorecía la presencia de la enfermedad;

también las escuelas y los centros sanitarios carecían de la higiene mínima que permitiera evadir el golpe de la enfermedad en la población. En informaciones publicadas en el *Diario de Almería* los días 9 y 10 de mayo de 1930, se pedía a las autoridades gubernativas que dotaran de los medios necesarios al Dispensario Nacional Antitracomatoso. La enfermedad hizo mella sobre todo en ciertas profesiones como los trabajadores del esparto, los mineros y pescadores. La población que la sufrió de forma más penosa fueron los niños, tal y como se relata en la prensa. A los niños se les negaba la escolarización por miedo al contagio, al tiempo que no existían escuelas ni medidas especiales o campañas que se ocuparan en atender especialmente a la población infantil. Era necesario llevar a cabo campañas profilácticas, y a los afectados someterlos a un severo plan curativo. Las autoridades sanitarias de la época consideraban que no era solo una necesidad sanitaria, sino también social. Se propuso que en el Dispensador Nacional hubiese un pabellón destinado a los menores con sección escolar para ambos sexos.

Además del tracoma, Elena Lázaro Sánchez operaba cata-ratas, desprendimientos de retinas, y trataba el glaucoma. Todos coinciden en lo buena médica que fue, entregada a sus pacientes, además de la medicina y la familia. Los fines de semana el poco tiempo que le quedaba lo dedicaba a las plantas, su gran pasión, a la cofradía y a la parroquia. La playa no era mucho de su agrado, así que pasaba los meses de agosto en su pue-

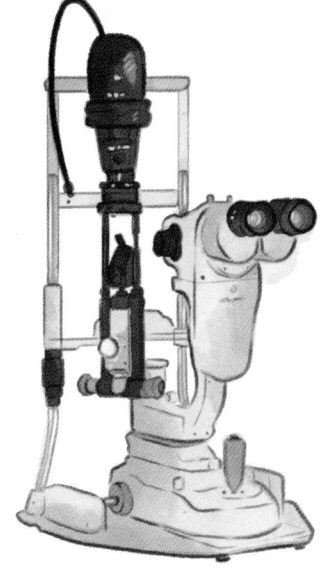

blo natal. Nada más llegar a este se corría la voz y sus vecinos formaban cola a la puerta de la casa de sus padres para que les atendiese. Y no solo de problemas oculares. Les atendía de cualquier dolencia; algunos solo acudían para que les diera una segunda opinión médica.

Elena ejerció durante 27 años, como médica y oftalmóloga, hasta que le sobrevino un cáncer de hígado y falleció el 16 de marzo de 1970. Una calle de la capital lleva su nombre.

Primeras
matronas
almerienses

Primeras
matronas almerienses

La profesión de matrona es, sin duda, una de las más antiguas que existen. Durante miles de años, unas mujeres han ayudado a otras a traer a sus hijos al mundo. Sin embargo, desde ahí hasta que se profesionalizó su trabajo, tuvo que pasar mucho tiempo.

En el caso de Almería, esta fue una de las nuevas profesiones sanitarias que se crearon entre 1857 y 1904, junto a enfermeras y practicantes. Esto no quiere decir que antes no existiesen. Sin embargo, fue a partir de entonces cuando se comenzó a regular tanto su formación como su contratación.

Además, por primera vez, el cuidado de los enfermos pasó de las manos de la Iglesia a las del Estado. Por ese motivo, en 1861, la Casa-Cuna, el Hospicio y la enfermería del hospital de la capital almeriense pasaron de ser asistidos por las monjas de la Orden de San Vicente de Paul a profesionales sanitarias contratadas por la Diputación.

Las primeras que se incorporaron a estas nuevas tareas fueron las enfermeras y las practicantes. Las matronas almerienses tuvieron que esperar para hacerse un hueco hasta el 10 de agosto de 1904, cuando se establecía por Real Decreto en España su carrera profesional.

Ese cambio en la legislación supuso un gran paso. Ya no eran meras ayudantes del parto. Por primera vez podían formarse para ello, con todos los beneficios que suponía eso también para las parturientas que se ponían en sus manos.

Además, gozaban de más independencia laboral y reconocimiento de su trabajo como una profesión científica. De hecho, para acceder al puesto de matrona debían cursar estudios reglados en las facultades de Medicina. Algunas, además, optaron por acompañar dichos estudios con el título de Auxiliar de Medicina y Cirugía, más conocido en aquel momento como los "estudios de practicante".

En el caso de las matronas almerienses, la Facultad de Medicina más cercana era la de la Universidad de Granada, por lo que fue allí donde se formaron la mayoría de ellas.

Por otro lado, cabe destacar que, aun no siendo las primeras que se profesionalizaron a nivel nacional, en Almería sí que fueron las primeras sanitarias tituladas que gozaron de contratos y nóminas, ya a finales del siglo XIX.

La primera de ellas fue Carmen Soria Moya, contratada en el Hospital Provincial en 1872. Poco a poco fue aumentando la plantilla con nuevas mujeres, que ejercieron tanto en los centros sanitarios como en los domicilios de las cuevas del Barrio de Chamberí, el Barrio Alto y el Barrio de la Caridad.

Buena parte de ellas pertenecían a la pequeña burguesía comercial y rural, aunque también las había de familias más humildes. En general todas eran mujeres con un gran interés académico y social. Muchas, de hecho, se involucraron políticamente para reivindicar tanto los derechos de las mujeres en general como los de aquellas que ejercían su profesión en particular.

Desde las primeras tituladas, buena parte de estas matronas se involucraron para lograr igualdad en el plano salarial. Además, iniciaron repetidas protestas contra la práctica extendida en las instituciones públicas de retrasar el pago de las nóminas hasta ocho meses en algunos casos. Gracias a dichas protestas, en 1918 lograron que la administración almeriense fijara su sueldo en 30 pesetas mensuales, que debían ser pagadas sin demora.

Fue un triunfo, pero sus reivindicaciones no se detuvieron aquí, pues solo dos años más tarde un nutrido grupo de ellas solicitó la constitución de la Asociación Matronal de Almería, en la que destacó especialmente el nombre de Carmen Navarro Sánchez, pero también el de otras de las matronas que protagonizan este capítulo.

Carmen
Navarro

Carmen Navarro:
tesón, bondad y amor por la profesión

Carmen nació en 1889 en la calle Regocijos de Almería, la ciudad en la que comenzó a trabajar como matrona y practicante desde bien joven. En 1917, con 30 años, fue una de las 13 personas fundadoras del Colegio de Auxiliares de Medicina y Cirugía de la provincia. Destacó por su implicación con la profesión y su preocupación por los más necesitados. Pero también por su esfuerzo y dedicación. Tal fue su tesón que en 1919 quedó en primera posición en las oposiciones para ejercer como practicante en la Casa-Cuna de Almería. No obstante, se le denegó entrar a ocupar la plaza que había logrado para dársela a otro compañero. Varón, por supuesto.

Pero si hay algo por lo que también destacó Carmen fue por su lucha constante contra las injusticias. Y sin duda lo que habían hecho con ella lo era. Persistió hasta llevar la situación a los Tribunales, que finalmente fallaron a su favor, obligando a la Comisión a devolverle su puesto. Pero este no fue su único lugar de trabajo, pues paralelamente ejerció también en una institución benéfica almeriense, prestando sus servicios tanto allí como a domicilio. No dejaba de trabajar, pero tampoco de estudiar. Y es que, a pesar de llevar ya muchos años ejerciendo como practicante y matrona, siguió formándose hasta conseguir este último título, en 1928.

Carmen rompió muchos de los moldes de la época en lo profesional, pero también en lo personal. Llegó a casarse dos veces, algo mal visto en algunos círculos. De aquellos matrimonios tuvo cuatro hijos, pero no lo dejó todo para dedicarse a ellos, como hacían la mayoría de madres de la Almería de principios del siglo XX. De hecho, compaginó su familia con el trabajo, la beneficencia y la política.

Feminista convencida, como muchas de nuestras pioneras, desarrolló un gran activismo en diferentes grupos políticos. Estaba afiliada al Partido Republicano Radical, la Unión de Mujeres Antifascistas y el Sindicato de Funcionarios Provinciales. Además, desempeñó el puesto de presidenta en el Sindicato de Matronas, perteneciente a la Unión General de Trabajadores (UGT).

Todo esto la llevó a volcarse con el bando republicano durante la Guerra Civil Española. Trabajó reclutando mujeres para la lucha contra el fascismo, y también ayudando a los milicianos, tanto auxiliando a los heridos como llevándoles comida y ropa al frente.

Y continuó así hasta el final de la guerra, en 1939. Lamentablemente, como tantos científicos de la Edad de Plata de la ciencia española, Carmen fue depurada por sus ideas políticas, de modo que se la relegó de todos los puestos que ocupaba.

Además, paralelamente sufrió el encarcelamiento de su hijo, quien más tarde sería condenado a cadena perpetua. Así, según sus propias palabras, su vida se convirtió en una tragedia.

Rota de tristeza y con las alas cortadas para seguir ayudando en su querida Almería, decidió no rendirse e intentar de nuevo reivindicar sus derechos como ya había hecho antes. Con decisión, escribió una instancia al Presidente de la Diputación, solicitando los honorarios que se le debían hasta el momento de su depuración. Sin embargo, al contrario que cuando revindicó su plaza en la Casa Cuna, esta vez la petición fue denegada. Finalmente, arruinada y enferma, no le quedó más remedio que marcharse a Ugíjar, Granada, donde se le pierde la pista en 1956.

Pero Carmen Navarro Sánchez no fue la única matrona almeriense de la época que compaginó su carrera con el activismo social. Como ella, hubo otras muchas mujeres que se dejaron la piel por la salud de los almerienses, pero también por los derechos de su profesión. Algunas, en realidad, no llegaron a obtener el título académico, pero sí que ejercieron como tal y formaron parte de la asociación matronal.

Amalia
Gómez del Corral

Amalia nació en Roquetas de Mar, en 1898. No hay constancia de que obtuviera el título de matrona, como Carmen, pero sí de que ejerció y enseñó la profesión. De hecho, en los documentos de la época que aún perduran figura como "profesora de partos".

Inicialmente trabajó en su Roquetas natal. Sin embargo, allí ya había previamente otra partera, que la acusó de estar realizando intrusión laboral. Por eso, para poder seguir ejerciendo, pero sin roces con terceras personas, optó por desplazarse a Adra.

Esta localidad costera fue su hogar hasta el estallido de la Guerra Civil, momento en el que decidió involucrarse, afiliándose a la sociedad de matronas de la UGT de la que Carmen era presidenta.

En su caso, sin embargo, no solo se sometió a una depuración y el abandono de su ciudad. También fue juzgada y condenada a prisión en 1939. En su sentencia figura que se la condenó a catorce años, ocho meses y un día de cárcel por saquear e incautar una vivienda y por mantener "buenas relaciones con los dirigentes rojos".

Sin embargo, las autoridades locales y un médico del pueblo, Federico Utrera Cuenca, intercedieron por ella, asegurando que había tenido un buen comportamiento y que solo se había limitado a ejercer como matrona. Esto le valió la libertad condicional en 1941, tras dos años de reclusión.

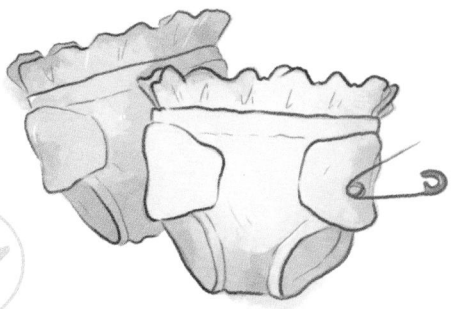

María
Amate López

María nació en Vera, en 1897. Tampoco consta que tuviese formación universitaria, como Carmen Navarro. No obstante, sí que figura en varios documentos su importante papel como matrona.

Comenzó a ejercer como tal en la administración municipal de Alhama de Almería, en 1925. Si bien muchas madres de familia de la época dejaban de trabajar cuando llegaba el momento de la maternidad, ella compaginó su labor con el cuidado de sus cinco hijos.

Sin embargo, su carrera se truncó de un modo muy similar al de sus compañeras. También se afilió al sindicato de matronas al comienzo de la Guerra Civil, con las consecuencias que eso tenía. Fue detenida el 30 de julio de 1940 bajo la acusación de haber "permanecido afiliada a diversas organizaciones de izquierdas, no conociéndosele otra actividad que sus manifestaciones hechas en pro de la causa roja".

Del mismo modo que Amalia, contó con los avales de adeptos al régimen franquista, concretamente un guardia civil y un teniente alcalde. No obstante, nada de eso evitó que fuese condenada a seis años y un día de prisión, que finalmente se le conmutaron a solo seis meses, pasando a la situación de libertad provisional el 11 de enero de 1942.

Isabel
Hernández Aguilar

Más conocida como "Tomiza", Isabel nació en Almería, en 1915. Igual que Amalia, ejerció como profesora de partos, también en la ciudad de Almería.

Al contrario que sus compañeras, no tuvo actividad sindical o política conocida. Sin embargo, su marido, Fernando Toresano del Águila, sí que tenía afiliación en la Federación Anarquista Ibérica (FAI) y llegó a ostentar el puesto de concejal. Por ese motivo, los dos miembros del matrimonio fueron represaliados al finalizar la guerra. En la acusación de Isabel figuraba lo siguiente:

"Esposa de un destacado dirigente marxista de Almería, después de ganarse la confianza de las personas de orden, haciéndose pasar por derechista los denunciaba a la policía que procedía a su detención. Aprovechándose de la confianza antes dicha, facilitaba a los agentes del SIM numerosos detalles que servían para facilitar la labor de estos en los registros que efectuaban".

Por esta causa, recibió dos condenas. Una perpetua, que le fue conmutada por 20 años, y otra de 6 años y un día. Cumplió la segunda completa, mientras que a la finalización de esta recibió un indulto por la primera, pudiendo salir en libertad.

Su marido, que había sido condenado a cadena perpetua, también recibió el indulto. Una vez fuera de prisión, ambos trasladaron su residencia de Almería a la ciudad de Alicante.

Hasta aquí la vida de cuatro mujeres cuyo único empeño fue estar cerca de los más necesitados y ayudar a traer vidas al mundo. Un mundo que un día se volvió contra ellas, hasta casi arrancar sus nombres de la historia.

Anexos

Anexo 1. Portada del *Diario de Almería* del 20 de mayo de 1930.
Petición a las autoridades gubernativas para dotar de medios
necesarios al Dispensario Nacional Antitracomatoso.

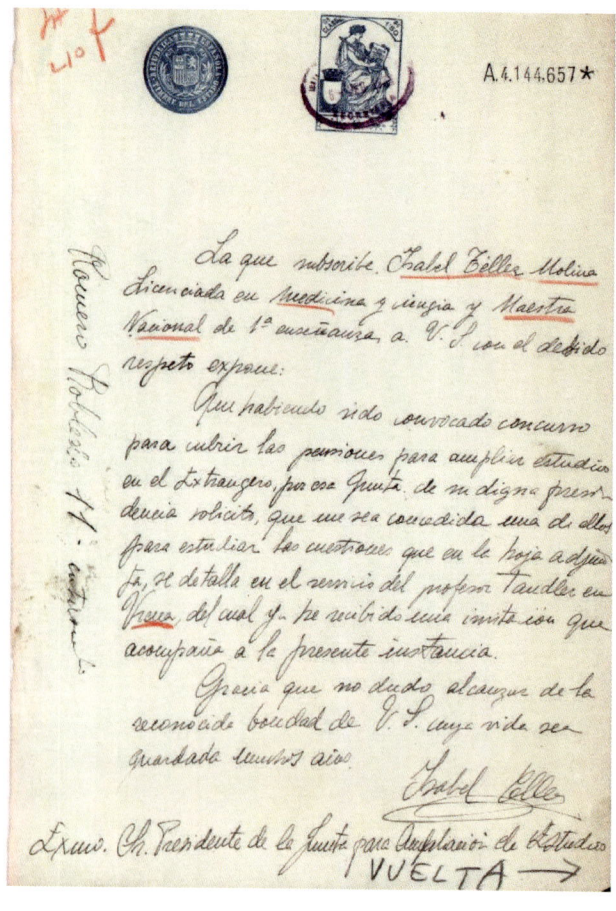

Anexo 2. Petición de beca de Isabel Téllez a la Junta de Ampliación de Estudios, para estudiar en el extranjero. Archivo Nacional.

A mi expediente

RESIDENCIA DE SEÑORITAS

FORTUNY, 30.—MADRID (6)

27 de abril de 1926

TELÉFONO 21-28 J.

190

Sr. Presidente de la Junta para Ampliación de Estudios.

Mi ilustre amigo: "a Srta. Jimena Quirós Profesora de Biología en la Residencia de Señoritas que dirijo solicita de la Junta para Ampliación de Estudios la consideración de pensionada para ir a estudiar a Columbia University en los Estados Unidos de América. Con la instancia presenta los documentos que justifican su petición. Y por si pudiera servir de algo mi juicio a la resolución del expediente, me permito como directora de la Residencia informar a la Junta que en efecto dicha señorita reune las condiciones que le hacen acreedora a dicha petición como lo demuestra el haber sido invitada a estudiar en dicha Universidad por el mismo profesor con quien ha de realizar sus estudios.

Con este motivo me reitero su affma. s. s.

María de Maeztu.

Anexo 3. Carta de María de Maeztu dirigida al Sr. Presidente de la Junta de Ampliación de Estudios recomendando a Jimena Quirós.

Notas sobre moluscos

por

JIMENA QUIRÓS

Ayudante del Laboratorio Oceanográfico de Málaga

Algunos moluscos comestibles de la provincia de Málaga

La importancia que en algunos países se concede a los moluscos como factor importante de la alimentación en algunos pueblos costeros, es bien notoria. Basta hojear cualquier libro extranjero que trate de estas cuestiones, y se verá que, tanto el número de especies como la cantidad obtenida en un año y el rendimiento producido, son cifras de consideración; o recoger citas como la de Dautzenberg (*Atlas de poche des Coquilles des cotes de France*, que dice así: «Los moluscos constituyen para nosotros una parte importante de los recursos alimenticios; en algunas comarcas son la base de la alimentación del pueblo. Así, en el Japón los habitantes del litoral se alimentan casi exclusivamente de ellos; una especie de *haliotis* u *oreja de mar* alcanza en este país dimensiones tales, que un solo ejemplar es suficiente para la comida de una familia».

En España, a pesar de contar con una fauna malacológica bastante rica, no se da al *marisco* la importancia que debiera dársele, y se observa que, si bien en algunas provincias, como Santander, arroja la estadística (año 1920, Memoria del Sr. Alaejos) un valor digno de tenerse en cuenta, en otros puntos del litoral cantábrico, como las costas vascas (exceptuando los Cefalópodos), apenas se concede valor a los moluscos, y se pescan escasas cantidades que dan pequeñísimo rendimiento remunerador.

En el Sur de España tampoco se hace gran aprecio de éstos; no obstante, el número de especies comestibles en esta provincia, y que cito a continuación, se eleva a 53. Pero en la actualidad puede decirse que de los Gastrópodos y Pelecípodos sólo a algunos de ellos, como las *almejas*, *coquinas*, *cañaíllas* y *bísanos*, se les da valor y se venden en el mercado. Otras especies son comestibles, pero sólo por los pescadores, que las pescan para consumo de sus familias, y otras, por último, se han agotado completamente, como

---

Anexo 4. Primera página del artículo publicado por Jimena Quirós en el año 1922 en la revista *Boln Pescas* (páginas 86-88 de la revista), titulado "Algunos moluscos comestibles de la Provincia de Málaga". Archivo Nacional.

Anexo 5. Fotografía de Elena Lázaro de joven. Cedida por su familia.

Anexo 6. Fotografía de Isabel Téllez con su hija. Cedida por su nieta Marina Manzano.

Anexo 7. Fotografía de Isabel Téllez con sus cuatro hermanos, entre ellos Salvador Téllez, diplomático de la II República española. Cedida por Marina Manzano, nieta de Isabel.

DIARIO DE ALMERÍA

PERIÓDICO INDEPENDIENTE

Año XX — Número 5.597 — Domingo 14 de junio de 1931 — Tirada, 10 — Apartado, 46

EL DIVORCIO
Al margen del Código

Hospital municipal

Política local

Republicanos, alerta

Otro sobrino y otro tío

Notas de Sociedad

La terminación del Parque

La jornada de ayer

NOMBRES DE MUJERES

La candidatura de don Nicolás Salmerón y García

Notas bursátiles

LA SEÑORA

☨

D.ª Rosario Ruiz Domínguez

Anexo 8. Portada del *Diario de Almería* del 14 de junio de 1931.
Publicación del artículo titulado "Nombres de mujeres" que tiene como
protagonista a Jimena Quirós.

Agradecimientos y bibliografía

Dada la idiosincrasia de un libro como este cuyo objetivo no es otro que poner en el punto de mira parte de las vidas de unas mujeres que fueron silenciadas, la búsqueda de cualquier tipo de información sobre ellas no ha sido sencilla. Por este motivo es por el que agradecimientos y bibliografía exigen compartir protagonismo en este espacio. Y es que bucear en cualquier tipo de documento se ha convertido en una verdadera odisea para nosotros, del mismo modo que fue complicado rescatar recuerdos de la memoria de los que aún viven y tuvieron la suerte de coincidir en el tiempo con estas mujeres. Aun así, contamos con la inestimable ayuda de muchas personas que nos prestaron su tiempo, sus vivencias y su experiencia para llevar a cabo el trazo de unas vidas que se merecen que las recordemos.

Así que nuestro más sincero agradecimiento: a Cándida Martínez porque nos hizo más fácil la tarea de adentrarnos en la información; a Marina Manzano, nieta de Isabel Téllez, por dejarnos leer parte de sus memorias, escritas por ella misma, además de facilitarnos varias fotografías inéditas; a Juan, Antonio y José Bueso Lázaro, sobrinos nietos de Elena Lázaro Sánchez por ayudarnos a construir el relato de su tía; a Antonio López Romero y Pablo Lozano Ordóñez por compartir con nosotros sus trabajos sobre Jimena Quirós; a Rosa Escobar Gómiz (de la Biblioteca Nicolás Salmerón, de la Universidad de Almería), por su incansable capacidad de búsqueda de archivos que pudieran conectarnos con el pasado; a Mar Zobarán Gómez Spencer, sobrina de Elena Gómez Spencer, por confirmar la información de la que disponíamos y aportar algunos datos nuevos sobre su tía; al Colegio de Médicos de Almería, por los datos ofrecidos sobre las primeras colegiadas de la provincia y a Juan José Ceba, por la ayuda prestada.

Y la bibliografía consultada que más útil nos resultó:

· Biografías de Mujeres Andaluzas (2015). Elena Gómez Spencer. https://idoc.pub/queue/biografia-de-mujeres-14301yr0o094j

· Ceballos López, L. (2013). El Hospital Español de Tánger. Tangis, 58, 14-16.

· Fundación aquae. (2021). Jimena Quirós: primera oceanógrafa española. https://www.fundacionaquae.org/wiki/jimena-quiros-la-primera-oceanografa-espanola/

· Fundación Descubre. Generaciones de Plata: Carmen Navarro Sánchez. https://generacionesdeplata.fundaciondescubre.es/cientificos/texto-exposicion-carmen-navarro-sanchez/

· García, S. C. B., & Rodríguez, F. J. J. (1993) El liceo artístico y literario de Almería. Un impulso de ilustración en el Siglo XIX.

· Gómez Marcos, M. T., Vicente Galindo, M. P., & Martín Rodero, H. (2019). Mujeres en la universidad española: diferencias de género en el alumnado de grado.

· González Canalejo, C. (2021). Mujeres y sanidad en Almería (1872-1936). Reala revista de estudios almerienses, 0 (Primer semestre), 108-120.

· Hopkins, J. (1998). The Tangier Diaries: 1962-1979. Cadmus Editions.

· Lemus López, E. (2017). Llegar a la Universidad y a la gran ciudad 'en femenino'. Las estudiantes andaluzas en la Residencia de Señoritas. Fundación Pública Andaluza Centro de Estudios Andaluces, Consejería de la Presidencia, Administración Local y Memoria Democrática, Junta de Andalucía (Ed.). ISBN: 978-84-944564-7-3

· León, M. (2017). La trepidante vida en Tánger de la primera médica almeriense. La Voz de Almería, 14 de mayo de 2017.

· López, J. P. D. (Ed.). (2006). Diccionario biográfico de Almería. Instituto de estudios almerienses. ISBN: 978-84-8108-369-9.

· Lozano Ordóñez, P. (2018). Jimena Quirós: la Guerra Civil truncó la carrera de la primera oceanógrafa en la historia de España. Blog Oceánicas https://oceanicas.ieo.es/jimena-quiros-la-primera-oceanografa-en-la-historia-de-espana-cuya-carrera-trunco-la-guerra/

· Martín, C. M., Andújar, G. L., & López, M. D. C. (2013). Mujeres notables en la Facultad de Farmacia de Granada (1850-1950). Ars Pharmaceutica (Internet), 54(3), 41-51.

· Martínez López, C. Martínez Martín, A. (2018). Juana Álvarez Bañón (1899-1969): La primera universitaria velezana. 36, 78-81.

· Oceánicas. Jimena Quirós. La primera oceanógrafa de la historia de España. https://oceanicas.ieo.es/historias-de-pioneras/jimena-quiros/

· Ramil, R. V. (2012). Mujeres y educación en la España Contemporánea: La Institución Libre de Enseñanza y su estela: la Residencia de Señoritas de Madrid. Ediciones Akal.

· Ramírez Gómez, C. (1987). Sevilla (Ed.). Mujeres andaluzas. ISBN: 84-398-9559-3.

· Sastre, J. A. (2011). Las fundadoras del Lyceum Club femenino español. Brocar: Cuadernos de investigación histórica, (35), 65-90.

· Sanz de Soto, E. (1984). Un regalo de cumpleaños. El País. Un regalo de cumpleaños | Cultura | EL PAÍS (elpais.com)

· Terán, R. E. F., & Redondo, F. A. G. (2007). La Junta para Ampliación de Estudios e Investigaciones Científicas en el Centenario de su creación. Revista Complutense de Educación, 18(1), 13.